CONSERVATION, ASSAINISSEMENT

ET

COMMERCE DES GRAINS,

SUIVIS D'UNE APPRÉCIATION

DU GRENIER SALAVILLE,

PAR

SAINT-GERMAIN LEDUC.

PARIS,

PAULIN ET LECHEVALIER, LIBRAIRES,

RUE RICHELIEU, 60.

1855

CONSERVATION

ASSAINISSEMENT

ET

COMMERCE DES GRAINS.

Paris. — Typographie de Firmin Didot frères, rue Jacob, 56.

CONSERVATION

ASSAINISSEMENT

ET

COMMERCE DES GRAINS,

SUIVIS D'UNE APPRÉCIATION

DU GRENIER SALAVILLE,

PAR

SAINT-GERMAIN LEDUC.

PARIS,

PAULIN ET LECHEVALIER, LIBRAIRES,

RUE RICHELIEU, 60.

1855

Je prends la liberté de dédier ce livre à MM. les professeurs de l'ancien Institut agronomique.

J'ai été leur disciple, disciple d'un âge très-mûr, il est vrai, chacun d'eux comptant un peu plus d'années que le disciple ; et je me rappelle avec bonheur les deux années de ma vie passées à Versailles pendant la courte durée de leur enseignement.

Cette noble école, qu'on aurait pu qualifier sœur jumelle de l'École centrale, celle-ci formant des chefs pour les travailleurs civils, l'autre des chefs pour les travailleurs ruraux, recevait comme *élèves* de jeunes hommes qui, pour gagner ce titre, avaient dû subir un sévère examen d'admission. (Quelques-uns même sortaient de l'École centrale et avaient déjà en poche le brevet d'ingénieur civil, auquel ils désiraient joindre celui d'*ingénieur rural*.)

La discipline était la même qu'à l'École centrale, le demi-casernement : c'est la seule discipline qu'on puisse imposer convenablement à des hommes qui

a.

ont atteint ou même dépassé l'âge de la majorité, et qui n'ont nul besoin, pour leur profession future, d'avoir été pliés au joug du régime militaire.

Entrés à l'Institut à huit heures du matin pour n'en sortir qu'à cinq heures de l'après-midi, ils y trouvaient des salles d'études, des laboratoires, une bibliothèque.

En dehors de ce temps, les premières heures du matin et les dernières de la journée, ainsi que la journée entière du jeudi, étaient employées à parcourir les champs en compagnie d'un professeur ou répétiteur, à visiter les fermes de la Ménagerie, de Gally et de Satory, qui nourrissaient les plus belles races, tant nationales qu'étrangères, de chevaux et de bétail, ou encore le potager de Versailles et ses magnifiques serres.

Les longues soirées de l'hiver se passaient dans la bibliothèque. Des répétiteurs zélés avaient ouvert, à ces heures, des conférences amicales, qui étaient fort goûtées et fort suivies.

Comme on voit, les heures de liberté dont pouvait jouir l'élève rendu à lui-même étaient trop courtes pour que le flânage et la fainéantise fussent vraiment à craindre. J'ajouterai que des examens, qui revenaient à la fin de chaque semestre, tenaient l'ardent essaim constamment en haleine. L'inappliqué, le paresseux courait risque, à ces époques redoutées, de perdre son droit d'entrée à l'école, de compromettre son avenir.

Aux heures des cours, l'amphithéâtre recevait, à côté de cette jeune élite studieuse et exacte, le flot capricieux des *auditeurs libres* : j'étais du nombre.

Dès la seconde année, l'administration avait dû délivrer plus de cent cinquante cartes pour cette libre admission.

Sur ces bancs j'ai rencontré des hommes de tout âge et de toute assiduité; j'en puis citer qui ne manquaient à aucun cours. C'étaient pour la plupart des propriétaires ruraux, et qui avaient adopté tel ou tel professeur, selon que le leur conseillait quelque intérêt privé. Ils venaient étudier, à une source saine, si l'assolement suivi par leur fermier était bien raisonné et n'épuisait pas la *richesse* du sol; — sous quelle forme ils pourraient incorporer dans le domaine le capital améliorant, qui porterait à un chiffre plus haut le bail à renouveler; — quelle race de tel ou tel bétail est la plus précoce; quelle est la mieux conformée; — quelle économie de travail résulte de tel instrument d'invention nouvelle, etc., etc.

Quant à moi, humble ouvrier de la plume, que la Providence n'a pas jugé à propos de classer parmi les propriétaires, soit ruraux, soit citadins, je venais étudier les questions générales : quelles lois économiques régissent le travail agricole; — par quelles conditions il diffère du travail des manufactures; — par quelles autres il conserve avec lui de l'analogie; — quel est le rôle du cultivateur dans l'harmonie sociale.

Que de fois, au sortir de la leçon, alors que nous cheminions par les larges rues de Versailles vers notre déjeuner ou notre dîner, il m'est arrivé de deviser avec de graves condisciples de ma génération, ou tout au moins pères de famille, sur l'avenir de nos fringants condisciples de la génération suivante! Nous prenions plaisir à les connaître tous par leurs noms, et même à leur donner parfois un conseil, à solliciter dans le cabinet de la direction pour sauver d'une réprimande l'étourdi bon travailleur, à consoler par une raillerie amicale le chagrin de l'insoumis réprimandé. Nous suivions les progrès de chacun d'eux avec cet intérêt que l'homme mûr, près de descendre le revers de la montagne où il a éprouvé que les sentiers sont rudes, porte au jeune homme plein de confiance qui, derrière lui, en aborde le pied.

« Cet Institut, répétions-nous souvent, donnera à la France ce dont elle a tant besoin : des propriétaires qui ne s'endetteront pas pour agrandir leur domaine, et qui plutôt se décideront à en vendre une partie, pour se procurer le capital avec lequel ils développeront au plus haut degré la puissance et la richesse du reste.

« Il lui donnera ce qu'elle envie à l'Angleterre : le véritable *gentleman-farmer*, que son savoir professionnel doit conduire à la fortune, que ses connaissances variées, la dignité de ses manières font véritablement l'égal, en tout lieu et en toute circonstance, de l'homme bien élevé, de l'homme du monde.

« Cet Institut abritera, contre la séduction des folles joies, le fils du grand propriétaire pendant ces années qui séparent l'adolescence de l'âge où l'homme prend sérieusement place dans la société, années si dangereuses à passer. — L'habitude du travail contractée au lycée ne sera pas perdue par lui, bien au contraire ; elle se développera encore davantage par le charme qu'il goûtera dans une application utile, enseignée chaque jour, des grandes lois de presque toutes les sciences. — Il n'avait reçu au lycée qu'un degré assez faible d'initiation ; il en recevra un supérieur ; et cette fois son intelligence sera fortement trempée, et pour toujours.

« Ce fils de famille, héritier d'une fortune, peut-être d'un beau nom, qui aura passé par cette école, à supposer qu'il dédaigne la vie des champs, moins sage en cela que Montaigne, et que l'ambition le pousse vers la carrière des emplois, apportera dans les fonctions d'auditeur au conseil d'État, de sous-préfet, de préfet, un savoir dont la base sera solide, un savoir de faits et non simplement de mots, un ensemble de connaissances variées et toutes utiles, et qui seront de mise à chaque instant. L'État trouvera dans lui le fonctionnaire le plus apte à présider un conseil général, à diriger, à éclairer de haut les débats dans le plus grand nombre des questions importantes.

« S'il doit aller à l'étranger en qualité de consul,

et même s'il doit être attaché à une légation, personne mieux que lui n'observera avec succès et ne fera mieux connaître au gouvernement qui l'envoie ce qui constitue la force réelle de la nation visitée : le degré de civilisation, de culture intellectuelle, le degré de richesse relative ou bien l'état misérable de sa population agricole, les causes de fertilité ou de stérilité de son territoire, la bonne ou mauvaise combinaison de son travail rural et des nombreuses industries qui s'y rattachent. Ce sont là tous renseignements de haute importance.

« Ce corps de professeurs distingués, disions-nous encore, qui ont gagné leur chaire dans un brillant concours, est assez honorablement rétribué pour se sentir délivré de tout souci des intérêts matériels. Il est assuré d'une retraite lorsque viendra la vieillesse. Il ne peut donc avoir et n'a en effet qu'une seule ambition : acquérir un nom dans la science par quelque éminent service rendu à l'agriculture. — Vivant à la fois de la vie des champs et de la vie de Paris, en contact journalier dans la ferme avec le monde praticien qui lui expose ses besoins, en contact journalier avec le grand foyer intellectuel, le monde où s'élabore la théorie, ce corps enseignant est dans une position admirable pour rédiger d'intéressantes annales. »

L'Institut agronomique n'a eu qu'une existence bien courte ; mais l'unique volume que les professeurs ont eu le temps de livrer à l'impression suffit pour donner une idée de la manière large et supérieure

dont ils avaient compris leur mission, et de la sagacité consciencieuse qu'ils apportaient dans leurs travaux.

L'agronome y consultera avec fruit le rapport de
M. le comte de Gasparin sur l'organisation zootech-
nique et culturale de l'Institut. (Le glorieux vétéran
de la cause agricole avait accepté les fonctions gra-
tuites de commissaire général appelé à réparer des
fautes commises, je ne rappellerai pas de quelle part;
MM. les professeurs et le commissaire général n'ont
nullement à en répondre. Si l'Institut eût dû être
sauvé, il l'eût été par le mérite de son corps enseignant.)—Vient ensuite le rapport de M. Lecouteux,
directeur des cultures; — celui de M. Hardy, directeur du potager;—celui sur le champ d'expériences,
par M. Boitel;—le climat de la France, par M. Bec-
querel; — des expériences sur l'alimentation du bétail, par M. Baudement; — des analyses d'engrais,
par M. Wurtz; — des études sur les insectes qui
nuisent au colza, par M. Faucillon; — une étude
sur les versoirs de charrue, par M. Barré de Saint-
Venant. — Je recommanderai surtout les travaux
tout à fait neufs de M. Doyère sur le lait, l'alucite,
et l'ensilage des céréales.

Le volume suivant aurait contenu d'autres travaux
non moins précieux, par exemple : des considérations
sur l'*économie rurale en Angleterre*, par M. Léonce
de Lavergne. Depuis, il les a développées et en a fait
un volume qui est à sa seconde édition en France, et

que les Anglais se sont empressés de traduire.—Une note de M. Tassy sur le *défrichement des bois* en France. C'est un résumé de quelques-unes de ses excellentes leçons sur la sylviculture; il l'a présentée depuis à la Société forestière.

Il est vraiment regrettable qu'une telle publication n'ait pu avoir de suite, et qu'elle ait été tirée à peu d'exemplaires, dans un très-grand format, plus monumental et coûteux que commode.

Dans ce moment, où la question de conservation des grains préoccupe les esprits, j'ai pensé qu'il serait bon de vulgariser le plus possible les expériences de M. Doyère, et je les ai prises pour base de la première partie de mon livre. Je m'estimerais bien heureux si j'inspirais à quelques lecteurs le désir d'aller puiser à la source même ses utiles enseignements et aussi les autres.

Je termine par l'expression de ma reconnaissance envers tous ces messieurs, et de ma constante affection pour ceux d'entre eux qui ont bien voulu m'honorer de quelque amitié.

SAINT-GERMAIN LEDUC.

15 avril 1855.

CONSERVATION

ASSAINISSEMENT

ET

COMMERCE DES GRAINS.

L'homme a pris pour base principale de son alimentation les *graines* ou, comme on dit, les *grains* de certaines plantes, les *céréales :* ces grains ont leurs parasites dans le règne végétal, leurs parasites dans le règne animal. Ils portent en eux un principe de décomposition qui les rend d'une conservation difficile. Confiés à la terre pour qu'ils se reproduisent, ils trompent souvent l'espoir du cultivateur.

L'homme a donc à redouter quatre fléaux :

1° Les moisissures ou *cryptogames*, dont les principaux dans nos contrées sont : la rouille, le charbon, la carie, l'ergot ;

2° Les insectes déprédateurs, tels que le charançon, l'alucite, la fausse teigne ;

3° La tendance à fermenter du grain lui-même, et aussi celle des sporules de ses cryptogames ;

4° La disette ou l'insuffisance des récoltes, causée par le caprice des saisons.

Nous allons traiter successivement de ces quatre fléaux, et des moyens qu'on a mis jusqu'ici en œuvre pour s'en préserver.

CHAPITRE PREMIER.

———

Parasites du règne végétal. — Rouille, carie, ergot. — Insuffisance des procédés actuels pour le nettoyage des grains. — Le son recèle les germes des parasites. — Le pain de farine mal blutée peut devenir un aliment dangereux.

Quand vous rentrez vos grains après le battage, songez bien qu'ils sont constamment, dans toutes circonstances, plus ou moins infestés de moisissures, ou, comme dit la science moderne, de végétaux parasites, de cryptogames (dont le mariage, *gamos*, est *kryptos*, caché, chez lesquels les sexes ne sont point apparents). Ces parasites se sont attachés à la plante, feuilles, fleurs ou épis, pendant sa végétation ; ils continueront, eux qui sont une fine poussière, et leurs seminules imperceptibles à l'œil humain, à exister sur le grain tant que celui-ci conservera sa vie latente, la faculté de germer et de se reproduire.

Je laisse aux botanistes le soin de discuter et de s'accorder, s'ils le peuvent enfin, sur les vrais noms à leur donner dans le monde savant; j'écris pour le monde des praticiens, cultivateurs et commerçants, et aussi pour celui des consommateurs vulgaires; il nous suffira ici des noms les plus usités. Ce sont :

1° La *rouille*. Elle se développe sur les deux surfaces des feuilles des graminées, comme sur les chaumes, et se présente sous la forme de petits points ovales, légèrement proéminents, jaunes, pulvérulents. Elle est quelquefois si abondante, qu'au sortir d'un champ les chiens, nous dit le docteur Leveillé, en sortent tout couverts. La rouille nuit aux feuilles en altérant leurs tissus et en empêchant leurs fonctions; aussi les voit-on souvent sous son influence se décolorer et se flétrir. Les chaumes ne prennent pas tout leur accroissement, et les épis sont plus maigres. La rouille qui se manifeste sur les premières feuilles de la plante n'est pas dangereuse; elle est un véritable mal lorsqu'elle attaque celles qui se développent au printemps.

Tout récemment, M. Vilmorin a dénoncé une autre espèce aussi fréquente, et qui produit les mêmes inconvénients; il la qualifie de *grosse rouille;* c'est elle que l'on nomme le *rouge* dans plusieurs départements du centre de la France. Elle se montre à deux époques : dans les premiers jours du printemps mélangée avec la rouille ordinaire, et beaucoup plus tard, au mois de juin.

2° Le *charbon*. Il se rencontre très-fréquemment sur le froment, l'orge, l'avoine, le millet, etc. Il se développe sur le petit pédicule des fleurs et leurs écailles;

sa présence détermine l'avortement complet des fleurs, et le grain ne se montre pas. On reconnaît dans un champ la plante affectée à une taille un peu moindre et à une couleur plus terne. Lorsque l'épi est encore profondément caché dans les feuilles, les parties atteintes ne se distinguent que parce que leur vert a un peu pâli; cette coloration passe bientôt au gris; et quand l'épi ou plutôt un squelette d'épi se dégage de ses enveloppes, il est absolument noir et charbonné. Il teint en noir les doigts qui le touchent, et tombe en poussière lorsqu'on le secoue.

Le charbon est un accident désastreux; on a des exemples de champs dans lesquels il a détruit les deux tiers de la récolte. On n'a point recueilli assez d'observations pour dire s'il est plus fréquent dans les années sèches que dans les années humides.

3° La *carie* s'attaque au grain lui-même, alors qu'il est fécondé au centre de la fleur. Les grains conservent à peu près leur volume et leur forme; l'épi est droit, plus pâle que les autres, et les balles écartées de manière à laisser les grains presque à découvert. Le grain renferme une matière noire, grasse au toucher, qui salit les doigts. Au début, cette matière est blanche, puis elle passe au gris et devient noire; la carie n'est guère connue que sous cette dernière couleur.

On la voit survenir dans des terrains riches et dans ceux qui sont maigres, dans le cours des années chaudes ou froides, sèches ou humides.

Il y a des années où elle est si rare, qu'elle passe inaperçue; d'autres au contraire où elle frappe le quart, le tiers, la moitié et même les trois quarts des

1.

épis ; c'est un fléau des plus redoutables , parce qu'il cause une perte dans la quantité de la récolte, et qu'il suffit de très-peu de carie pour donner au pain une couleur désagréable et une odeur repoussante.

4° L'*ergot* se montre plus spécialement sur le seigle ; cependant on en a des exemples sur le froment et les autres céréales. C'est une longue excroissance qui a la forme d'un ergot de coq, d'un brun noirâtre ou violacé. Elle se développe sur l'épi entre les balles, à la place du grain qu'elle remplace. Candolle a le premier rangé l'ergot parmi les champignons; d'autres prétendent que l'ergot se compose à la fois du grain altéré dans sa nature et dans sa composition chimique, et d'un petit champignon parasite qui s'est logé à son sommet.

Pour nettoyer sa récolte , le cultivateur pauvre se sert du crible et du van. — Les cribles les plus vulgaires sont des tamis garnis d'une peau tendue, percée de trous plus ou moins larges. Le gros crible à larges ouvertures laisse passer les grains de blé, d'orge, de seigle, et retient les débris de paille et les grosses substances étrangères; le crible fin retient les grains , et laisse au contraire passer les poussières, menues graines , grains avortés , etc. — On fait aujourd'hui des cribles en tôle forée à l'emporte-pièce, dont les ouvertures sont plus régulières et moins altérables que celles de l'ancien crible en peau.

Après cette agitation du grain et son passage par les différents cribles, on l'étend sur le van et on le projette dans l'air à plusieurs reprises, afin que, dans ces ascensions et ces chutes, le courant d'air élimine les balles ou glumes, la poussière et tous les corps légers.

Combien reste-t-il sur le grain de cette matière cryptogamique qui lui est agglutinée? Dieu seul le sait. Et remarquez de plus que, malgré leur extrême ténuité, tous les grains de cette poussière sont autant de minimes capsules globuleuses, ou *sporidies* qui contiennent un nombre prodigieux de corpuscules infiniment petits, les *spores*, c'est-à-dire les séminules, les germes reproducteurs.

Le nettoyage vulgaire de nos grains est loin d'être satisfaisant.

Entrons chez le riche fermier, l'homme éclairé qui est à l'affût des meilleurs instruments nouveaux. J'aperçois le *cylindre cribleur*, dont l'idée première vient, dit-on, d'Allemagne. C'est un bâtis cylindrique tournant sur un axe; il est formé de toiles métalliques, et il a une légère pente. J'y verse le grain par une trémie. Pendant sa marche dans le premier tiers du cylindre, sa toile métallique, qui est fine, ne laisse passer que les poussières et les graines très-menues qui s'accumulent dans une première case du récipient placé au-dessous. — Il rencontre ensuite la deuxième toile moins fine, qui laisse passer dans une seconde case du récipient les menus grains, les grains avortés et quelques graines. — La troisième toile laisse passer le blé ordinaire dans la troisième case. — Une toile un peu plus claire encore, quelquefois disposée à la suite, laisse passer le plus gros blé; enfin divers débris de paille, enveloppes, épis vides, sortent par le bout du cylindre, et s'accumulent dans la case externe qui forme le dernier récipient.

Voici le *tarare*, qui opère un vannage mécanique plus rapide et à meilleur marché que celui du van. Cinq palettes montées sur un axe tournent rapidement ; elles rassemblent et chassent une forte masse d'air dans une boîte que l'on fait traverser au grain versé par une trémie. Le grain à sa sortie vient se tamiser sur un grillage vivement agité par un mouvement de va-et-vient.

On peut combiner le *tarare* avec le *cylindre cribleur*, de sorte que le grain est ventilé ou vanné directement, au fur et à mesure de sa chute dans les compartiments du cribleur ; l'action de celui-ci même est parfois rendue plus énergique pour le nettoyage au moyen de brosses qui tournent avec l'axe et frottent les grains contre les toiles métalliques, le bâtis cylindrique restant immobile. De la sorte, les mailles de la toile ne s'obstruent pas, et le grain perd de ses saletés, que le vent du tarare emporte.

On doit à M. Vallery un frottoir à brosses cylindriques de ce système.

Je citerai aussi la brosse David, qui date d'une quinzaine d'années. A l'intérieur d'un cylindre tournant de deux mètres environ, une brosse est fixée dans toute cette longueur sur un axe particulier excentrique à l'axe même du cylindre. Pendant que le cylindre fait sa rotation, la brosse, au moyen d'une bielle, fait un mouvement de va-et-vient demi-circulaire, et passe avec lenteur, régularité et verticalement, sur le blé qui vient de lui-même se présenter à son action. Le mouvement de va-et-vient se répète cent vingt fois par minute, et soixante coups de brosse au moins atteignent le grain.

Depuis une trentaine d'années, on lave les grains atteints fortement de carie dans des solutions alcalines. Le grain subit un froissement assez prolongé pour le bien décrasser, mais cependant assez court pour éviter de le saturer d'eau ; après quoi il est porté pour sécher dans une étuve. M. Maupeou et M. Bouchotte ont donné leur nom à deux modes différents de pratiquer cette opération. Mais redites-vous bien que des appareils de ce genre ne peuvent se trouver que dans le très-petit nombre des grandes usines agricoles, et que même ce nettoyage meilleur ne répond pas encore à celui qui serait indispensable pour s'assurer un aliment que l'on puisse garantir parfaitement sain.

Et en effet, la matière cryptogamique, dont le grain reste infesté à notre insu , puisqu'elle échappe à l'œil, a été dans mainte circonstance une cause grave d'insalubrité.

L'*ergot* du seigle, par exemple, exhale, à l'état frais, une odeur nauséabonde; sa saveur est amère et légèrement âcre. Lorsqu'une certaine quantité d'ergot se trouve mêlée à la farine du pain, elle peut déterminer chez celui qui s'en nourrit les symptômes de la paralysie : vertiges , spasmes, convulsions, et le plus souvent engourdissement dans les membres.

L'odeur de la *carie* est des plus désagréables, et ne peut mieux se comparer qu'à celle de la marée. Il suffit d'une très-petite quantité pour donner au pain une vilaine couleur et une odeur repoussante. Certes, ce ne sont pas là des indices que ses séminules puissent, dans toutes les circonstances, se manger impunément.

Chez beaucoup de cultivateurs, on se garde de donner au bétail les pailles des épis qu'a dévorés le *charbon*. On a souvent remarqué qu'après en avoir mangé, les animaux toussent, maigrissent, et même sont affectés de diarrhée : toutes choses qui ne doivent pas inspirer aux estomacs humains quelque peu délicats une grande confiance dans l'innocuité des séminules du charbon.

Bien qu'il ne faille pas confondre la rouille des foins avec celle des moissons, quand je vois le vorace bétail refuser le foin rouillé qu'on met dans sa crèche, et n'y porter la dent qu'après qu'on y a joint du sel pour assaisonnement, je songe avec tristesse à toutes les séminules de la *rouille* des blés, tant la petite que la grosse, que je suis exposé à rencontrer dans mon aliment principal.

Allez en Algérie, et visitez les colons de la plaine de la Mitidja ; ils vous raconteront mille cas d'accidents, de maladies graves qu'ils attribuent à l'usage du pain fait avec des grains *dépiqués* (battus sous les pieds des chevaux), par un temps humide : la matière cryptogamique, vous diront-ils, y est restée plus abondante que dans les années ordinaires, où le soleil la sèche, et où le courant d'air sec, dans lequel on projette le grain, en balaye du moins une partie.

Que si vous souriez d'un air peu convaincu à leurs doléances, écoutez un fait qui s'est passé sur le sol français lui-même en l'année 1842. Vous le trouverez consigné dans le *Journal d'agriculture pratique* (numéro de novembre 1843); l'article est d'un chimiste distingué, M. Barral.

« L'an passé, une altération extraordinaire se manifesta dans le pain de munition distribué aux troupes de la garnison de Paris et de plusieurs autres garnisons importantes. La santé des soldats se trouva gravement compromise; des affections intestinales en conduisirent un grand nombre à l'hôpital. Une commission fut nommée par le ministre de la guerre; MM. Dumas, Pelouze et Payen en faisaient partie. D'après le rapport de M. Payen, l'aspect du pain dénoncé, son odeur désagréable, la poussière rougeâtre et fétide émanée de ses morceaux rompus inspirait un tel dégoût, qu'il était rebuté dans toutes les casernes.

« Cette altération, ajoutait le rapporteur, consiste dans une végétation de cryptogames rouges qui tirent leur aliment du pain lui-même. Leur développement est surtout considérable : lorsque le pain contient dans la croûte 46 pour 100 d'eau et plus de 50 pour 100 dans sa mie; lorsque l'air est très-chargé d'humidité et que la température s'élève jusqu'à 30 ou 40 degrés (le cas avait eu lieu l'été précédent dans les baraques des camps de Paris; il est fréquent en Algérie); lorsqu'on recouvre le pain avec du son après le pétrissage (comme on faisait alors pour le pain de munition); quand toutes ces circonstances se présentent, et elles se sont présentées plus d'une fois, les cryptogames croissent avec une rapidité et une abondance remarquables. »

Et d'où viennent les germes de ces cryptogames? Le

célèbre botaniste Mirbel a reconnu que la farine blanche et pure renfermée au centre de chaque grain de blé est entourée par trois couches superficielles qui contiennent des substances riches en matière azotée, en substance grasse et en phosphate de chaux, substances les plus propres à l'alimentation de l'homme, mais aussi les plus exposées à devenir le siége du développement des végétaux microscopiques. A cette superficie du blé s'agglutinent les imperceptibles et cependant redoutables sporules, lorsque le blé est rentré humide. Cette écorce corticale constitue précisément le son, qui, par conséquent, contient le principe de toutes les altérations spontanées du pain.

Maintenant, je vous le demande, mangerez-vous en pleine confiance et avec un agrément parfait le pain fait d'un grain qui aura été mal bluté, où l'on aura laissé beaucoup de son? et croirez-vous avec ferveur, comme l'affirme la généralité du bon et innocent public, que les sporules imperceptibles n'ont pas le plus léger caractère vénéneux pour l'homme?

Quand un agronome, animé de bonnes intentions, je le reconnais, viendra vous exposer, comme on l'a fait plusieurs fois à la Société centrale d'agriculture, que nos meuniers enlèvent trop de la couche corticale du blé en blutant à 20 pour 100, puisque la matière ligneuse du son, la seule qu'on ne pourrait manger, ne compte que comme très-peu, et qu'en négligeant le son on néglige beaucoup de substance nutritive, répondez-lui que l'estomac du bétail et de la volaille s'en accommodera mieux que celui de l'homme, et qu'en définitive ce dernier ne perdra rien, et même trouvera bénéfice à reprendre plus tard ce son transformé en viande.

M. Allibert, professeur à Grignon, faisait tout récemment des expériences pour s'assurer si les petits animaux consomment proportionnellement plus que les grands. Il enferma quatre souris dans une cage, et leur donna à discrétion du beau froment : elles mangèrent la farine, et le son demeura intact. Il imagina de leur laisser pour unique aliment ce son dédaigné : elles moururent d'inanition, sans avoir jamais voulu y toucher. La souris, qui a l'odorat si fin, en remontre à l'homme, et même à l'homme académicien.

Répétez avec M. Péligot (les chimistes s'y connaissent) que l'art du meunier n'extraira jamais trop bien le son d'une farine. « La grande qualité du pain, dit-il, celle qui fait qu'on ne s'en lasse jamais, c'est de n'avoir aucun goût particulier. La substance grasse que contient le son aurait pour effet de donner au pain un arome spécial qui le rendrait moins acceptable pour tous, avec tout autre aliment et toujours. » Oh! M. Péligot, combien je vous sais gré de ce mot arome! Il est poli, mais l'on sent là-dessous tout le poison que peuvent receler en germe les terribles sporules !

On a vu des boulangeries se fonder, où l'on faisait bouillir le son pour en retirer un mucilage qui remplaçait dans le pétrissage du pain la quantité d'eau que l'on ajoute à la farine. De cette manière, on utilisait au profit de la panification la substance nutritive contenue dans le son, dont il ne restait plus guère alors que la matière purement ligneuse. Ce pain, que l'on décorait assez follement du nom de *pain hydrofuge*, avait la propriété de se tenir frais assez longtemps; mais il avait cet arome particulier signalé par M. Péligot comme un inconvénient, et le consommateur ne l'a pas accepté. Ces boulangeries se sont fermées faute de pratiques, quoiqu'elles vendissent leur pain à meilleur marché. Même en admettant que le pain dans lequel on laisse une certaine quantité de son ne puisse pas être malfaisant, le goût du consommateur le portera toujours à préférer le pain blanc, celui fabriqué avec des farines parfaitement blutées.

Depuis un décret du mois d'août 1853, « le pain du soldat se fait avec des farines provenant de blé d'essence tendre, blutées au taux d'extraction de 20 kilogrammes de son pour un poids de 100 kilogrammes de farine brut. »

L'habileté de notre meunerie française, qui est aujourd'hui la première du monde et bien supérieure à celle d'Angleterre, donne des garanties, je me plais à le reconnaître, contre le danger sérieux d'empoisonnement par les farines employées à la confection du pain chez les boulangers. C'est déjà quelque chose pour l'habitant des villes, celui du moins qui peut payer le pain de belle et blanche farine. Le bon temps viendra un jour pour tout le monde : ne désespérons de rien. Nous savons suffisamment séparer la farine du son, auquel adhère le principe du mal : je vous l'accorde; mais savons-nous nettoyer suffisamment cette écorce corticale alors qu'elle recouvre encore le grain? Pensez-vous que l'action de nos tarares et de nos cribleurs mécaniques (à supposer qu'ils soient répandus dans la pratique vulgaire) soit suffisante pour neutraliser la tendance à fermenter de ces millions de germes implantés sur le grain, qui lui-même est un germe enfermant des éléments fermentescibles? Assurément non.

Ce grain de blé est un œuf végétal, enfermant un
embryon qui a vie latente, et qui tend à s'assimiler la
farine qui doit lui servir de nourriture première; sur
la coque de cet œuf sont implantés d'autres œufs végétaux imperceptibles, enfermant des embryons qui,
eux aussi, ont vie latente et tendent à éclore, et à s'assimiler une nourriture première qui leur sert d'enveloppe. Quel est le premier problème à résoudre pour la
conservation? Arrêter le développement de cette vie
latente dans les œufs imperceptibles, si on ne peut se
délivrer absolument d'eux; car c'est un moyen de
l'arrêter aussi dans le gros œuf, dans le grain de blé.

CHAPITRE II.

—

Charançon, alucite, fausse teigne, voilà les trois
grands déprédateurs de nos greniers! Depuis peu d'années leurs mœurs commencent à être mieux connues ;
malheureusement, ces notions ne sont point encore
assez répandues dans nos campagnes.

Le charançon vulgaire, ou *calandre* des blés, se rat-
tache à la grande famille des *rhyncophores*, dont le
principal caractère est d'avoir une tête terminée par
une trompe qui porte les antennes.

Les charançons ne se livrent à la reproduction de
leur espèce que dans les tas de blé. Aussitôt que la

femelle est fécondée, elle s'enfonce dans l'intérieur du tas, et dépose chacun de ses œufs, isolément, non pas à la surface d'un grain, mais sous l'écorce, qu'elle perce auparavant, de manière que la larve qui doit éclore soit à la portée des aliments qui lui conviennent. Cet œuf, pour ainsi dire incrusté au grain, ne se laisse point apercevoir à l'extérieur. L'ouverture par laquelle il est entré est rebouchée ou plutôt cachetée par une substance glutineuse que la femelle dépose à cet endroit. Il reste dans cet état cinq à six jours, selon que la température est plus ou moins élevée, et, ce laps de temps écoulé, il donne naissance à une larve. C'est dans cette première phase de son existence que le charançon commence à exercer des ravages fort considérables, en se nourrissant aux dépens du grain qui lui sert de berceau. Un seul grain ne suffit pas pour le développement de cette larve ; alors elle en attaque un second, dans lequel elle vit comme dans le précédent. La nature l'a munie d'organes propres à ronger la substance. Son corps se compose de dix anneaux saillants et arrondis, non compris la tête ; sa longueur totale est d'environ 2 millimètres et demi ; sa couleur est blanche. Du moment où cette espèce de chenille sort de son œuf à celui où elle subit sa première métamorphose, en passant à l'état de chrysalide, il s'écoule 34 à 38 jours, suivant l'élévation de la température ; c'est dans l'intérieur même du grain qu'elle se transforme ainsi, et lorsqu'elle a acquis son plus grand développement.

Parvenu à l'état de chrysalide, le charançon ne donne aucun signe de vie. Il reste dans cette situation

7 à 8 jours, jusqu'à ce que, se débarrassant de son enveloppe, il subisse sa dernière métamorphose et paraisse à l'état de scarabée parfait. Généralement, nos cultivateurs pensent que ce scarabée continue à se nourrir de grain : « C'est là une erreur, dit M. Léon Dufour, le célèbre entomologiste, qui fait autorité dans la question. Quand les charançons s'épandent en prodigieuses myriades sur des tas de blé, n'y voyez plus des mangeurs actuels de farine, mais des insectes dont les femelles fécondées cherchent à insérer, dans les grains non encore attaqués, des œufs d'où doivent éclore les véritables larves. »

Les charançons ne s'unissent pour la reproduction de leur espèce que 9 à 10 et quelquefois 12 jours après qu'ils ont subi leur dernière métamorphose. Il s'écoule donc de 60 à 64 jours depuis le moment où les œufs ont été produits jusqu'à celui où les insectes sont capables de se reproduire.

« En appliquant le calcul à ces expériences, on est effrayé des résultats quand on voit que, seulement pendant la saison de l'année où le thermomètre, au milieu du jour, ne descend point sensiblement au-dessous de 10 à 12 degrés centigrades, *douze* paires de charançons peuvent se multiplier au point de procréer plus de 75,000 individus de leur espèce; et lorsqu'on a observé, en outre, que chaque charançon détruit ou consomme, pour sa subsistance, trois ou quatre grains pendant cette partie de l'année où la température est trop douce pour les faire déloger des tas de blé, on peut alors se faire une idée des dégâts qu'ils causent réellement.

Pour constater d'une manière précise les ravages des charançons, M. Vallery mit douze couples de ces insectes, avec 50 kilogrammes de blé parfaitement propre, dans une caisse disposée de manière à ce qu'aucun ne pût sortir. Déposé au 25 avril, le blé, à la fin de novembre de la même année, éprouva une déperdition de 25 kilogrammes ou de 40 pour 100. En revanche, les douze couples de charançons étaient devenus une peuplade considérable. Ce qui restait de blé avait un goût très-désagréable; et comme la majeure partie des grains avait été attaquée et ne se composait plus que de l'enveloppe, la perte réelle dépassait 45 pour 100.

Le premier et, malheureusement, unique volume des *Annales de l'Institut agronomique de Versailles* contient des détails entièrement neufs sur la teigne des grains, *tinea granella*, et surtout sur l'alucite. Ils sont dus à M. Doyère, qui professait la zoologie à cet établissement, dont la durée a été trop courte pour les amis du progrès agricole, et à son répétiteur, M. Focillon, qui a dessiné les planches jointes au texte. Ces messieurs ont étudié à la fois en praticiens et en savants.

L'alucite des céréales, *alucita cerealella* (M. Doyère adopte ce nom, aujourd'hui consacré, bien qu'il le considère comme une erreur entomologique), à l'état adulte, est un petit papillon nocturne qui offre presque absolument les formes et la taille des teignes que l'on voit sortir des fourrures ou des draps dévorés par les vers. Aussi Réaumur l'avait-il nommé la *vraie teigne des blés*. Mais les entomologistes modernes, guidés,

comme le plus souvent, par l'intérêt factice de leurs
classifications, ont changé ce nom à maintes reprises,
pour le donner, en fin de compte, à une autre espèce
que Réaumur avait nommée *la fausse teigne*, et qui est
la teigne des grains actuelle. Ce changement est regrettable, surtout au point de vue pratique, qui est si
exclusivement le nôtre. Il a souvent conduit les naturalistes eux-mêmes à confondre les deux espèces, alucite et teigne, l'une avec l'autre, ou même à n'en
reconnaître qu'une seule. Cependant leurs ravages ne
sont pas, à beaucoup près, les mêmes ; et s'il arrivait
que l'on reconnût la nécessité de prendre des mesures
pour la destruction de l'alucite, la distinction à établir
entre elles aurait une importance capitale. Voici les
traits principaux qui la caractérisent : ils sont pris
tout à la fois dans leur conformation et dans leurs
habitudes. Les agriculteurs eux-mêmes y trouveront
facilement les moyens de les reconnaître. Leurs papillons ont la même taille, de six à neuf millimètres, la
même forme générale, étroite et allongée, et presque la même couleur. On rencontre chez l'alucite toutes
les nuances comprises entre le café au lait foncé et le
gris argent clair, qui est la couleur des vieux individus, et résulte, en grande partie au moins, de la
chute de leurs écailles. Ces nuances sont généralement
uniformes ; mais les individus qui sont éclos depuis peu
à l'état parfait ont deux bandes transversales un peu
plus foncées, que la loupe décompose en petits points
noirs épars qui sont autant d'écailles. La couleur de la
teigne est formée par des marbrures noires, brunes et
blanches.

Dans les tas de grains, les deux espèces occupent les couches les plus superficielles; et pour les y trouver, il suffit de prendre des poignées de blé de place en place, et de les répandre, comme en les semant, à une petite distance. On voit les papillons voleter et courir en sautillant à la surface du tas. Ce n'en serait pas assez pour reconnaître à laquelle des deux espèces on a affaire; mais si l'on parvient à les saisir ou seulement à les examiner de près, ou remarque facilement chez l'une qu'elle a les ailes formant, au repos, comme un toit aigu, surtout en arrière, qui recouvre l'abdomen en dessus et le protége latéralement: c'est *la teigne;* chez l'autre, que les ailes, simplement rapprochées bord à bord, et à peine inclinées latéralement, forment comme un petit plancher ou un toit presque plat au-dessus du dos : c'est *l'alucite.* La seconde peut se reconnaître encore à deux sortes de petites cornes qui se voient en avant et au-dessus de la tête, entre les antennes : ce sont les organes appelés palpes par les naturalistes; ils doivent cette apparence de cornes aiguës à leur longueur et à leur situation redressée. Malgré leur extrême exiguïté, c'est encore là un caractère facile à saisir; mais ces petits papillons se laissent peu attraper vivants, ou même seulement sans être brisés à un point qui en rende l'examen difficile; il est plus simple de les chercher le long des murs ou dans des toiles d'araignées, où l'on en trouvera toujours de morts si le grenier en est infesté.

D'ailleurs, la manière de vivre de chacune des deux espèces, lorsqu'elles sont encore à l'état de chenilles, produit, dans la nature même de leurs ravages, des différences essentielles.

La chenille de la teigne passe sa vie à l'extérieur des grains de blé. Elle en ronge toujours plus ou moins complétement un assez grand nombre, et, pour s'abriter sans doute, elle les réunit en pelotes, par des fils, autour d'un tube de soie qu'elle construit, et dans l'intérieur duquel elle se tient logée, rejetant au dehors ses excréments, qui ressemblent à de la farine grossière. Ces débris blancs et granulés s'agglomèrent dans les interstices des grains et à l'extérieur des pelotes, et ils les font immédiatement reconnaître. La surface des tas de grains en est quelquefois presque entièrement formée.

Les dégâts causés par l'alucite, qui à l'état de larve loge dans le grain qu'elle dévore, ne pourraient être confondus qu'avec ceux de la larve du charançon; mais comme ceux-ci s'accompagnent en outre de dommages extérieurs aux grains, causés par la larve qui entame d'autres grains que celui où elle est éclose, ce qui n'a pas lieu pour l'alucite, toute méprise de ce genre est impossible, alors même que l'on ne pourrait pas se guider d'après la présence ou l'absence des papillons ou de leurs débris.

Réaumur a étudié l'alucite il y a environ cent trente ans, et lui a consacré un de ses mémoires. Tout en nous laissant ignorer l'étendue du pays ravagé, il se contente de nous apprendre que le fléau sévissait sur des orges dans les environs de Luçon. Vingt-cinq ans plus tard, vers 1760, le fléau se manifeste dans l'Angoumois et le Poitou avec une telle violence, que le gouvernement se décide à invoquer les lumières de Duhamel et Tillet : les remèdes proposés par ces deux savants ne sont pas de nature à être appliqués sur une grande échelle. Nos moissons semblent respectées, ou peut-être nos cultivateurs se montrent insouciants jusque dans les premières années du siècle ; mais alors le fléau exerce des ravages très-considérables dans l'Indre, venant de l'Ouest ; et l'Allier en est également victime, sans que le Cher, qui sépare ces deux contrées, soit encore atteint. Il l'est en 1820, et au degré le plus déplorable.

D'après les renseignements que M. Doyère a pu recueillir et qu'il a publiés à la date d'août 1852, quatorze départements étaient alors désolés par l'alucite à des degrés différents. Ce sont, en commençant par le Midi, ceux des Basses-Pyrénées, des Landes, du Gers, de la Haute-Garonne, de Lot-et-Garonne, de Tarn-et-Garonne, de la Charente, de la Charente-Inférieure, de la Vienne, d'Indre-et-Loire, de l'Indre, du Cher, de la Nièvre et de l'Allier. Les plus grands dégâts semblent avoir leurs foyers aux deux extrémités et au milieu de cette chaîne ; « mais ce qu'il y a surtout de remarquable, ajoute le sagace observateur, c'est la forme qu'elle présente, étudiée dans ses rapports géologiques. » En prenant chacun des départements qui viennent d'être nommés, et en étudiant la place que l'alucite y a envahie, on trouve comme résultat définitif que l'espèce couvre, probablement sans interruption, toute une vaste bande de territoire qui commence à Bayonne et va se terminer dans l'Allier et la Nièvre, après avoir dessiné sur le sol, avec une netteté étonnante, la surface d'environ deux mille lieues carrées qu'occupent au midi de la Loire les terrains crétacés et jurassiques. La raison n'est pas exclusivement, comme on serait porté à le croire, dans la production abondante des céréales, qui coïncident généralement avec la présence du calcaire. Il y entre une influence purement géologique, et la part qu'elle y prend serait d'autant plus importante à connaître, que les terrains envahis par l'alucite, et qu'il semble suivre dans sa marche, ne se terminent pas aux limites où lui-même semble arrêté depuis environ vingt-cinq ans. Ils se continuent sans interruption jusque dans le Calvados d'une part, et jusqu'en Belgique de l'autre. Si l'espèce venait à franchir les obstacles naturels que lui opposent aujourd'hui la Loire et les forêts de la Nièvre, nul doute qu'elle n'envahît promptement toute la vaste surface du bassin de Paris, avec sa ceinture de terrains secondaires, et qui est comme le grenier de la France.

Vous coupez vos blés; l'épi a bonne apparence. Vous ne distinguez pas (il faut pour cela le microscope) certains petits paquets d'œufs, chacun de cinq à dix et même quinze, déposés sur les enveloppes du grain. Le jour vient où l'œuf donne sa chenille, de couleur rouge, grosse comme un cheveu, longue d'un millimètre. Chacune choisit un grain qui soit beau, parfaitement sain, et s'y fourre bien vite, en perçant son imperceptible trou dans le milieu du sillon ventral. Les anciens auteurs racontent que ce choix du grain est l'occasion de furieux combats, dans lesquels un grand nombre trouve la mort. M. Doyère a constaté qu'il n'en est point ainsi. Introduite dans le grain, la chenille se creuse sa route droit vers l'embryon, la substance azotée, qu'elle dévore tout d'abord; ce qui explique pourquoi ce grain perd la faculté de germer, et comment, jeté dans le sol, il pourra s'y conserver sans subir aucune des altérations ordinaires. Ce fait, si important, avait échappé aux anciens observateurs. Après l'embryon, le reste de l'intérieur du grain sert de nourriture à l'ermite scélérate, qui vit là comme le rat de la fable dans son fromage. Elle y change de robe quatre ou cinq fois, file son cocon, se transforme en chrysalide, et enfin en ce papillon qu'on nomme *alucite*. Pour sortir, il perce un trou d'un millimètre de diamètre, que l'œil de l'homme peut apercevoir, cette fois, sans instrument. Par malheur, le dégât est consommé, l'insecte n'a laissé à l'homme qu'une coque de son gâtée par des ordures; son unique fonction, dès ce moment, est de se reproduire; il ne prendra plus aucune nourriture.

A la température ordinaire, des œufs sur grains, mis en bocal par M. Doyère, du 1er au 15 août, ont donné des papillons du 25 au 30 novembre. Dans une étuve chauffée de 20 à 25 degrés, il a toujours obtenu des papillons en quinze jours, trois semaines.

D'après lui, selon que la température s'élève plus ou moins haut, les volées de papillons doivent se succéder avec plus ou moins de rapidité. Un tas de grains ravagé par l'alucite a constamment des chenilles prêtes à se transformer en papillons. Il admet que, dans les circonstances ordinaires, des œufs pondus en août puissent être l'origine de volées qui pondront en octobre ou au commencement de novembre. Les chenilles écloses trouveront en hiver et printemps la durée voulue pour arriver à se développer en mai ou juin. Une nouvelle génération peut même se produire dans les deux mois suivants.

Notre savant a constaté, par des expériences, que le papillon ne vit pas plus de quatre à cinq semaines. Il a constaté de plus que, pour la fécondation de la femelle, il faut une température plus élevée que celle qui suffit pour que sa chenille sorte de l'œuf, et que celle nécessaire pour que sa chrysalide passe à l'état parfait. Il en conclut qu'un nombre infini de ces papillons doivent périr sans avoir pu accomplir la fonction reproductrice. C'est ce qui a lieu pour toutes les volées qui, à fin de mai ou en juin, sortent la nuit des greniers, granges ou meules, vont s'accoupler sur les blés en herbe, et rentrent au matin ; et aussi pour les volées qui, dans le champ même, sortent des grains attaqués dont le cultivateur n'a pas purgé sa semence, et qu'il a déposés dans le sol, où ils se sont conservés sans pouvoir germer, parce que l'embryon a été dévoré en premier lieu par le déprédateur caché, la larve. A l'occasion, cependant, le papillon, sans aller aux champs, se contentera de passer, dans le grenier même, d'un tas de blé dévoré sur un tas de blé sain.

Un préjugé fort dangereux règne dans nos campagnes, et plusieurs naturalistes l'ont adopté, sans prendre soin de le discuter. Le cultivateur introduit sa main dans un tas de blé ; il le trouve frais : « Bon ! se dit-il, point d'alucite ici. » Plus il le trouve chaud au contraire, et plus il pense que l'ennemi y pullule. Il se trompe. L'échauffement est produit par la fermentation du grain ; quant à l'alucite, son rôle y est nul.

M. Doyère, opérant avec un thermomètre très-sensible et sur un blé sec, *qui par conséquent ne pouvait fermenter*, a essayé, toujours en vain, de reconnaître des signes d'échauffement dans des bocaux où pullulaient par milliers des chenilles prêtes à passer à l'état de chrysalide. La condition la plus favorable à la multiplication de l'alucite doit se trouver, selon lui, dans une fermentation modérée qui porte la température à 25 ou 30 degrés, sans altérer l'air intérieur du tas au point de le rendre asphyxiant. Dès que la fermentation devient plus énergique, la production d'acide carbonique devient trop abondante pour que l'insecte, à quelque état qu'il soit, puisse continuer à vivre. La fraîcheur du tas de blé est donc un signe sans valeur, qui ne doit point inspirer la sécurité contre la présence latente du fléau.

Considérez que les femelles sont en nombre *triple* de celui des mâles; que la ponte est en moyenne d'une trentaine d'œufs, déposés par paquets de cinq à dix; et calculez la progéniture à provenir des parents qui ont grandi aux dépens de votre blé. A croire Duhamel, une récolte apportée des champs pourrait contenir jusqu'à un seizième de grains attaqués; et en supposant le concours de certaines circonstances, il pourrait s'y produire, dès la seconde génération, quinze fois plus de chenilles qu'elles n'y trouveraient de grains où se loger pour les dévorer. Ceci, nous dira-t-on, est bon pour l'enseignement théorique. Nous répondrons que, dans la pratique, on tient généralement trop bas le chiffre des ravages commis, parce qu'on établit mal sa base de calculs. C'est ainsi que M. Doyère, expérimentant, en 1850, à Soupize (Cher), a prouvé par des chiffres à un propriétaire, M. Jarre, qui estimait avoir perdu 18 pour 100 d'une récolte par les ravages de l'alucite, que la perte réelle n'allait pas à moins de 49 pour 100.

Il résulte des enquêtes ouvertes, en 1849 et 1850, dans le département du Cher, par ordre du préfet, que la perte a été de 45 pour 100 en moyenne dans la circonscription du comice agricole de Bourges.

M. Guillaume accuse, dans un mémoire rédigé au nom du Comice agricole d'Issoudun, une perte de 50 pour 100 dans les trois années consécutives de 1825 à 1828, et dans la période de 1846 à 1849.

La Société d'agriculture du département de l'Indre signale des pertes qui ont été jusqu'à 80 pour 100 en moins de vingt jours. M. le comte Jouffroy, à Élion, a perdu jusqu'à 90 pour 100 d'une récolte ; et les bestiaux ont invinciblement repoussé le dixième restant, dont il a été impossible de tirer aucun parti.

De 1808 à 1812, le département du Cher fut tellement infesté qu'il en résulta une disette locale, et que l'on dut faire venir des farines de l'Orléanais.

M. Doyère pense que l'alucite cause au département du Cher une perte d'un *cinquième* des récoltes en froment prises sur pied, ou d'un *quart* des produits réalisés. « Son importance absolue, ajoute-t-il, pour chacune des deux années 1849 et 1850, s'élève à 220,000 hectolitres de froment qui, au prix moyen de 12 francs 50 centimes, réalisent une perte de 2,750,000 francs. C'est plus de deux fois et demie le principal de l'impôt foncier ; c'est environ les deux tiers de ce que la population elle-même consommait de froment il y a une quinzaine d'années, depuis les estimations officielles.

Le grain piqué par l'un de ces trois insectes, charançon, teigne ou alucite, donnera, si vous le réduisez en farine et que vous le blutiez, une pâte qui n'est pas plus liante que si elle était faite avec du seigle ou de la sciure de bois; il est impossible d'en extraire la moindre trace de gluten. Il est souillé par les débris du cocon soyeux des chenilles, par les robes qu'elles ont dépouillées à chacune de leurs mues, et par la poussière noire de leurs excréments. L'odeur en est infecte. Jetez aux volailles une poignée de grains, elles dédaigneront ceux attaqués et n'accepteront que ceux qui seront restés sains. M. Doyère raconte qu'ayant placé dans des assiettes sur le sol d'un grenier, où il étudiait et expérimentait les effets de température, dix échantillons, de chacun dix grammes, d'un blé qu'il croyait parfaitement sain, il arriva que des rats non invités vinrent piller ce butin. Le blé disparut : cependant les assiettes contenaient encore vingt-trois grains que leur isolement même, au milieu de quelques rares débris, rendait plus apparents, et qui ne semblaient pas même avoir été déplacés. Vérification faite, chaque grain était habité par une chenille d'alucite. Il n'existe présentement aucun moyen d'empêcher que les souillures de ce grain infesté ne passent dans la farine et dans le pain. Elles leur donnent une couleur terreuse, une odeur et un goût de vermine également repoussants. Il est même difficile de croire qu'ils soient dépourvus de toute propriété nuisible ; des animaux, même affamés, refusent quelquefois le pain dont la population pauvre est, dans certains cas, réduite à se nourrir.

On a souvent attribué à l'alucite en particulier un principe vésicant comme celui de la cantharide elle-même, bien que les effets en soient moins prononcés. M. Doyère voit là simplement une action mécanique qu'exercent les poils, d'une finesse extrême, qui garnissent le bord des ailes de cet insecte. Ces petites aiguilles, infiniment aiguës, sont au nombre de plusieurs milliers chez un seul papillon, au moment où il vient d'éclore à l'état parfait, et elles se détachent, comme les écailles elles-mêmes, avec une grande facilité. Il est probable qu'elles s'insinuent dans la peau humaine comme les aiguilles siliceuses du suc des *arum*, et pénètrent dans la muqueuse de la bouche et du pharynx. Toutefois, leur action serait plus prononcée et beaucoup plus durable. Elle s'annonce par des démangeaisons cuisantes; et par une inflammation générale de toutes les parties exposées à l'air; quelquefois il se déclare une fièvre assez violente pour forcer à garder le lit pendant plusieurs jours. Le cas n'est pas rare de battages et de nettoyages interrompus par cette cause, les ouvriers refusant de continuer. C'est le nettoyage au *lancer* (en projetant le grain avec une pelle) qui détermine ce genre d'accident.

CHAPITRE III.

Dans un livre publié en 1745, *Traité de la conservation des grains*, un expérimentateur éminemment sagace, Duhamel de Monceau, a recommandé le chauffage énergique comme moyen infaillible de détruire dans le blé tous les insectes, et même leurs œufs.

Il essaya de ce qu'il appelle *chauffourage* ou chauffage par un séjour prolongé dans le four à pain. Si le blé reposait sur la sole même du four, il voulait qu'on le remuât avec un râble de bois, jusqu'à ce qu'elle fût suffisamment refroidie. Il conseillait l'emploi de caisses perméables à l'air, à fond d'osier ou de toile claire, recommandant de porter la température jusqu'à 90, 100 et même 110 degrés Réaumur. Il avait proposé d'estimer si la chaleur était ou non convenable, d'après le temps qu'une boulette de cire mettrait à fondre dans le four : c'était moins facile assurément et moins simple que d'y introduire un thermomètre ; mais l'instrument était assez coûteux à cette époque, et n'était point descendu à l'usage vulgaire. On proposa de substituer à la boulette de cire des fragments de papier ou des copeaux de bois, et l'on en vint à affirmer que le blé ne pouvait pas être brûlé si les fragments de papier ou les copeaux ne s'enflammaient pas. Or, comme le fait observer M. Doyère, la conflagration spontanée d'un morceau de bois dans le four correspondrait probablement à 400 ou 500 degrés de température.

Il y a peu d'années, M. Jarre, un propriétaire du Berry, chauffoura avec succès des sacs de blé qui reposaient sur des sortes de chariots de bois. On les retirait après quatre heures de séjour, et on les vidait en un seul tas, dans lequel le blé acquérait promptement une température uniforme de 60 à 70 degrés. Les insectes et leurs œufs y furent parfaitement détruits.

Duhamel employa aussi et perfectionna (non pour la destruction des insectes, mais simplement comme moyen de dessiccation pour conserver) une étuve imaginée par l'Italien Intieri. C'est une chambre garnie de planches inclinées, qui par un bout s'appuient à une paroi, et par l'autre bout, l'inférieur, viennent poser sur un support transversal qui partage l'espace en deux. Les planches sont sillonnées de cannelures dans le sens de leur longueur; on verse le grain par un orifice ménagé en haut, il se répand et vient se disposer en couches régulières, de planche en planche, jusqu'à celle d'en bas. Il suffit d'ouvrir une bonde tout à fait inférieure pour donner issue au grain, et les planches se vident successivement d'elles-mêmes. Je mentionne cette invention simplement comme une chose curieuse. Duhamel lui-même ne la destinait pas à opérer un chauffage énergique; et d'ailleurs il ne pourrait atteindre également tous les grains, les uns ne pouvant être chauffés suffisamment qu'à la condition que les autres le seraient trop.

Cadet de Vaux, au commencement de ce siècle, proposa de substituer au chauffourage le chauffage dans un grand cylindre de tôle au-dessus d'un brasier : exactement le brûloir dont on se sert pour griller le café.

On ne se rendait pas bien compte du degré de chaleur auquel le grain courait risque d'être altéré, on le croyait bien supérieur à 100 degrés; il était assez naturel de songer à la vapeur de l'eau bouillante. D'après ce principe, MM. Robin de Châteauroux et d'Haranguier de Bourges construisirent deux appareils très-remarquables.

Celui de M. Robin remonte à l'année 1837. Figurez-vous un grand cylindre vertical de 2 mètres de hauteur sur 60 centimètres de diamètre, fait de tôle étamée ou zinguée; il est garni de tubes verticaux, au nombre de dix-huit ou vingt-quatre, qui le traversent dans toute sa hauteur, et communiquent avec l'air extérieur au-dessus et au-dessous des deux fonds. On introduit de la vapeur d'une chaudière dans le cylindre ; elle circule autour des tubes, et, en se condensant en eau, les échauffe par le dégagement de sa chaleur. Quand les tubes sont échauffés, on verse sur le fond supérieur le grain, qui s'engage dans tous les tubes et descend au-dessous du fond inférieur dans un entonnoir ; à son passage dans les tubes, leur contact communique à une partie la température de la vapeur d'eau, soit 100 degrés centigrades : c'est là un grave inconvénient, comme nous l'expliquerons tout à l'heure. L'eau provenant de la condensation fait retour à la chaudière, où elle se change de nouveau en vapeur, comme dans le thermosiphon, qu'on emploie pour échauffer les serres.

On accélère plus ou moins le passage du grain dans les tubes, selon qu'on ouvre plus ou moins un registre qui règle le débit de l'entonnoir. La pratique a appris qu'on doit ralentir l'écoulement quand le thermomètre, placé dans une douille accolée au fond supérieur, marque 60 degrés, ou quand on lit 45 degrés sur un thermomètre placé dans la manne qui reçoit le grain au sortir de l'entonnoir.

L'appareil de M. d'Haranguier, ancien ingénieur en chef, a beaucoup d'analogie avec celui de M. Robin. C'est un cube en fer-blanc de 1 mètre de côté traversé par quatre-vingt-un tubes du même métal, ayant 5 centimètres de diamètre, et renfermé dans une enveloppe de bois. La face supérieure de cette enveloppe est un couvercle qu'on lève pour charger l'appareil; l'inférieure est formée par des tiroirs ou registres qu'on tire pour le décharger. Elles laissent, entre elles et les faces correspondantes du cube métallique, deux espaces qui se remplissent de grains en même temps que les tubes verticaux. La totalité du blé chauffé à la fois est d'un hectolitre. La vapeur est produite par un générateur séparé; elle va se condenser à l'intérieur du cube, dans l'espace laissé libre par les tubes. Des soupapes rendent impossible toute explosion par un excès de vapeur, comme tout écrasement par une condensation subite.

L'appareil se règle d'après le temps pendant lequel on laisse séjourner le blé. Cette durée est d'une demi-heure. M. Doyère raconte s'être assuré que la couche extérieure, qui est immédiatement en contact avec les parois métalliques, prend la température de 100 degrés presque instantanément.

« D'ailleurs, ajoute-t-il, la température moyenne, prise dans le grain mis en tas après sa sortie de l'étuve, s'est élevée, au minimum, dans les expériences que j'ai faites sous les yeux de M. d'Haranguier lui-même, à 73 degrés, et elle est montée jusqu'à 86 degrés. On peut donc affirmer que, dans la totalité du grain, la coagulation du gluten avait dû se produire plus ou moins complétement; la pâte faite avec la farine de grain lèverait mal. »

En ne donnant à l'opération que la durée de 15 à 18 minutes, la température moyenne des grains s'élèverait moins haut, le gluten ne serait pas altéré dans la majorité, et probablement la pâte lèverait; mais la moitié au moins des grains aurait perdu la faculté de germer, et ne pourrait plus servir aux semailles.

Le meilleur principe pour le chauffage des grains semble avoir été saisi pour la première fois par M. Terrasse-Desbillons, cultivateur à Raymond (Cher).

Son appareil a pour pièce principale un cylindre long de 2 mètres, formé par des vis d'Archimède concentriques, dont le nombre a été porté jusqu'à cinq. Ces vis communiquent entre elles, et sont disposées de manière que, le cylindre ayant un mouvement de rotation autour de son axe, le blé tombe dans la plus intérieure, la parcourt, passe dans la seconde, la parcourt à son tour pour aller se rendre dans la troisième, et ainsi de suite. Elles sont faites de toiles métalliques cloisonnées en bois; leur développement total n'est pas moindre de 160 mètres.

Tel est le chemin que le blé parcourt à l'intérieur d'une chambre en plâtre et en bois dans laquelle le cylindre est logé, et qu'échauffe un fourneau en tôle placé immédiatement au-dessous du cylindre, ainsi que la partie horizontale de ses tuyaux. On a reproché à cette disposition que les débris qui tombent sur la tôle rougie ou brûlante s'y consument en produisant une fumée épaisse; la pièce où le chauffage se fait est presque inhabitable, et l'odeur de la fumée se transmet au grain, pour ne disparaître entièrement qu'au bout de plusieurs jours.

Un thermomètre introduit dans la chambre du cylindre, à travers son couvercle supérieur qui est de bois, donne la température de l'air chauffé que le blé traverse; et, d'après cette indication, la pratique a appris à quel degré il convient d'accélérer ou de ralentir la rotation du cylindre.

M. Doyère, adoptant le principe de cette étuve, a consacré ses soins à la perfectionner, et il y a réussi d'une manière vraiment remarquable.

Il s'était préparé par une longue étude théorique du chauffage des grains, comme moyen de détruire les insectes et leurs œufs. Le danger en chauffant fortement est de détruire la faculté germinative du grain, et même de le rendre impropre à la panification. Il s'agissait donc de déterminer : à quel degré de chaleur les œufs de tout insecte seront détruits; — à quel degré la faculté germinative est compromise; — à quel autre la faculté de panification commence à être altérée.

L'observateur est parvenu à constater (et c'est une des plus belles parties de son travail) d'abord par des essais de laboratoire, et ensuite par de nombreuses expériences faites sur une grand éechelle :

1° Que la chaleur de 50 degrés centigrades détruit complétement dans le blé les insectes de toute sorte, ainsi que leurs œufs;

2° Que pour des blés de bonne qualité, sains et convenablement secs, comme le sont toujours les blés de semence, l'altération de la faculté germinative ne commence à devenir sensible qu'au-dessus de 70 degrés;

3° Que l'altération des principes immédiats du blé ne devient susceptible d'être aperçue dans la panification qu'à cinq degrés de plus, à 75 degrés.

(Chez nos grands minotiers, au Havre, à Nantes,

à Bordeaux, les farines destinées à l'exportation sont desséchées préalablement par un chauffage dans des étuves, surtout lorsqu'elles sont destinées à passer l'un des deux grands caps pour l'approvisionnement de la marine. M. Doyère s'est assuré, dans l'établissement de M. Bransoulier, l'un des expéditeurs les plus considérables du bassin de la Garonne, que les farines supportent sans altération un chauffage de 70 degrés.)

Ces trois points de la question bien fixés, et c'est la première fois qu'on l'a fait avec cette précision, on voit combien tous les appareils que nous venons de passer en revue laissent à désirer.

M. Doyère, au cylindre aux vis d'Archimède, tel que le construit M. Terrasse-Desbillons, substitue un cylindre analogue en toile métallique, ouvert à ses deux extrémités, comme étant plus solide, d'une construction moins coûteuse, et rendant la circulation de l'air plus facile. Il lui donne 3 mètres de longueur sur 70 décimètres de diamètre, avec la forme et la disposition d'un blutoir, en l'inclinant légèrement sur l'horizontale.

Le grain ne fait que glisser sur la surface métallique; il vient heurter contre des barres de bois longitudinales qui forment à l'intérieur la carcasse du cylindre, et est projeté par elles dans toute la capacité. De la sorte, le parcours de chaque grain est augmenté, et, en sautillant, il plonge continuellement par toute sa surface dans un bain d'air chaud.

Le fourneau n'est pas dans la chambre même où se meut le cylindre; une cloison, qui a deux ouvertures en haut et en bas, l'en sépare, de manière à ce qu'il est facile de régler la quantité d'air chaud que l'on veut fournir à l'étuve.

Le blé, en quittant le cylindre et avant sa sortie définitive, s'emmagasine pour un instant dans une sorte de réservoir appliqué sur la paroi extérieure de l'étuve.

C'est dans ce réservoir que plonge le thermomètre, qui accuse ainsi, non la chaleur de la chambre à étuve, mais bien la chaleur réelle que le blé a contractée pendant son passage; et c'est là le point vraiment essentiel.

L'opérateur, l'œil fixé sur le thermomètre, dispose de plusieurs moyens efficaces et prompts de régler la chaleur de son blé, et de la maintenir dans la limite convenable :

1° Pousser ou modérer le feu du fourneau;

2° Accélérer ou ralentir le courant d'air chaud qui, de la chambre à fourneau, se rend dans la chambre à étuve, ce qui se fait par un registre pareil à une clef de poêle;

3° Activer l'arrivée du blé froid, comme les meuniers font arriver à volonté, de la trémie, plus ou moins de blé sous la meule;

4° Faire tourner le cylindre avec un peu plus ou un peu moins de vitesse, de manière à prolonger ou à rendre plus court le séjour du blé dans l'air chaud.

Nous avons vu qu'il y a une grande marge, de *vingt* degrés, entre 50° le degré qui *tue les insectes*, et 70° celui où commence à devenir sensible une *altération dans la faculté germinative*; la marge est encore plus grande jusqu'à 75°, s'il s'agit de *blé pour la panification*. En prenant un thermomètre d'un gros calibre, où les degrés occupent un grand espace, et en colorant sur l'indicateur la marge dans laquelle il s'agit de maintenir le niveau de l'alcool, on habitue promptement un journalier ordinaire, pour peu qu'il y veuille mettre de la bonne volonté, à gouverner la chaleur : c'est l'affaire d'une leçon ou deux.

Cet appareil, auquel M. Doyère a donné le nom d'*appareil Soupize*, du nom du domaine où le premier fut construit et où il fonctionne depuis environ cinq ans, se conduit par un chauffeur et un tourneur de manivelle. Il chauffe en trois minutes un double décalitre de blé. Il peut s'établir pour 200 francs. Les frais de chauffage et de main-d'œuvre sont compris entre 10 et 15 centimes par hectolitre.

Tient-on à s'assurer que du blé passé à l'appareil Soupize n'a rien perdu de la faculté germinative? il suffit de prendre quelques grains, et de les maintenir de douze à quinze heures dans un air humide, à une température de 25 à 30 degrés. Vous renfermez, par exemple, cent grains dans un petit flacon d'une forme qui vous permette de le placer sous vos vêtements (le dessous de l'aisselle est une excellente place). Si le blé est fin et n'a pas été chauffé au-dessus de 65°, il doit germer de 95 à 98 grains sur les 100. S'il a été chauffé jusqu'à 70° ou 72°, il ne germera que la moitié ou les deux tiers. Enfin, aucun grain ne germe plus après avoir éprouvé, ne fût-ce que pendant quelques secondes, une température de 75° à 78°, du moins dans l'état d'humidité le plus ordinaire.

Quant à vous assurer de la faculté de panification, mâchez quelques grains; si le blé a été chauffé de 70° à 80°, vous n'obtiendrez pas de gluten. La possibilité de détruire dans le grain, sans l'altérer, les larves et leurs œufs par le chauffage, existe; c'est désormais un fait acquis et incontestable.

On a aussi découvert depuis peu un second mode de destruction.

M. Arnaud, ancien négociant, acheta, il y a quelque douze ans, la belle propriété de la Loge, à Baugy (Cher), et s'occupa immédiatement d'y introduire des améliorations qui en ont triplé la valeur. Un de ses premiers soins fut d'y établir une machine à battre. C'était en 1844, année où les ravages de l'alucite furent extrêmement considérables. M. Arnaud vit avec surprise que le grain qu'il avait conservé dans ses greniers avait très-peu souffert, tandis que celui de ses métayers était dévoré. L'examen auquel il se livra le laissa convaincu que la cause de cette différence ne pouvait être que dans le mode de battage. Cependant, il n'avait encore obtenu qu'un assainissement incomplet. Quelques années plus tard, il remplaça sa première machine par une machine de Randsome, avec un moteur à vapeur, afin de pouvoir battre la totalité de ses récoltes dans la première quinzaine qui suit leur rentrée. Depuis lors, M. Arnaud ne connaît plus l'alucite, et il affirme aujourd'hui que ses deux machines avec son moteur lui ont été payés depuis longtemps par le seul bénéfice que l'assainissement de ses grains lui procure.

Le batteur de la machine employée a un diamètre de

4.

40 centimètres, et une vitesse de 800 à 900 tours à la minute, ce qui donne une vitesse d'environ 1000 mètres à la circonférence. M. Doyère la considère comme celle que doivent fournir les machines à battre, si l'on veut les employer à la destruction des insectes. Il a constaté qu'une vitesse de 600 mètres à la circonférence y est insuffisante. Le grain, endommagé par la larve, n'est brisé qu'à la condition de subir un choc très-énergique. Jusqu'alors, on s'était contenté de projeter avec force le blé contre un mur, ou de le laisser tomber d'une certaine hauteur ; on n'obtenait de la sorte que l'éloignement de l'animal adulte, papillon ou scarabée ; mais la larve continuait à vivre dans l'intérieur.

Vers la même époque, M. Herpin inventait un *tarare insecticide*, qui ventile le grain en même temps qu'il le choque énergiquement. C'est le tarare ordinaire, assez agrandi et pourvu d'engrenages assez forts pour que ses ailes puissent recevoir une vitesse d'au moins 2000 mètres à la circonférence.

Un autre appareil, qui dépense moins de force et seulement celle nécessaire, est l'appareil de M. Doyère, connu sous le nom de *tue-teigne*, qui, depuis quelques années, fonctionne pour l'assainissement des grains dans les principales manutentions militaires de France et d'Algérie. Il a valu à son inventeur un des prix Montyon que décerne l'Académie.

Cette invention n'est qu'un emprunt fait à la machine à battre les gerbes, en usage aujourd'hui partout. C'est le batteur de cette machine et son contrebatteur appliqués à battre, non plus la gerbe entière, mais le grain recueilli de la gerbe battue.

Le grain versé par une trémie tombe dans l'étroit espace annulaire compris entre deux cylindres, dont l'un extérieur et fixe, l'autre intérieur et tournant, portent des lames et des arêtes en petit nombre, mais convenablement disposées. Il sort après avoir reçu un nombre de chocs calculés pour que le grain malade qui échappe au premier ne résiste pas au second. Le cylindre, qui est commandé par un engrenage mû par deux manivelles, fait 400 tours à la minute, vitesse qui correspond à celle de 800 mètres à la circonférence ; elle suffit pour assurer la destruction des larves de l'alucite et du charançon, qui vivent dans l'intérieur du grain. Quant à la fausse teigne, dont l'existence est toute à l'extérieur, il n'est pas besoin d'une vitesse de plus de 600 mètres.

La quantité de blé assaini ne dépend que de la force motrice. Avec deux hommes aux manivelles, on obtient, en moyenne, 180 kilogrammes par heure. Trois hommes, en se relevant convenablement, peuvent soutenir ce travail pendant une journée de dix heures, ce qui donne, suivant le poids du blé à l'hectolitre, vingt-quatre à trente hectolitres de blé assaini par jour.

L'action que le choc exerce sur les grains diffère suivant qu'ils sont ou ne sont pas attaqués par l'insecte, et sur les grains attaqués, suivant qu'ils le sont plus ou moins. L'orifice de sortie, situé au bas, en avant du tambour qui enferme les deux cylindres, est disposé de manière que le grain soit projeté sous un angle très-faible relativement au plan horizontal, après avoir parcouru une demi-révolution dans l'étroit espace annulaire.

L'effet des chocs répétés est nul sur les grains *sains*; il n'a en particulier aucune influence sur leur faculté germinative. Et, comme ces grains sont les plus lourds, ils sont projetés à une distance de 10 à 12 mètres, selon leur volume et leur poids.

Les grains *en partie dévorés* et qui contiennent l'insecte sont ouverts en deux moitiés, vidés des ordures qu'ils renfermaient et de l'insecte lui-même; si leurs fragments conservent quelque poids, ils sont lancés encore à une certaine distance.

Enfin les grains *réduits à n'être plus qu'une coque sans poids* n'offrent aucune masse, et, arrêtés à leur sortie par la résistance de l'air, ils tombent devant l'orifice même, où ils forment un seul tas avec tous les débris légers que ce blé contient.

On obtient ainsi avec le grain le plus détérioré par l'insecte une traînée, ou plutôt *une lancée*, dont la tête ne renferme que des grains sains.

Il faut avoir vu le tas d'ordures et de débris qui se forme devant l'orifice du *tue-teigne*, pour bien concevoir à quel degré les qualités d'une bonne et saine panification peuvent se trouver altérées dans un blé infesté d'insectes qu'on envoie au moulin, sans l'avoir soumis à un nettoyage analogue à celui que nous venons de décrire.

Ces deux systèmes si efficaces, le chauffage et le choc mécanique, laissent toutefois quelque chose encore à désirer.

Le chauffage ne purge point le grain de blé de la larve qu'il peut contenir dans son intérieur, avec les robes dont elle s'est dépouillée à chaque mue et ses excréments : ces souillures passent dans la farine, et nous en avons plus haut signalé les inconvénients ; comme aussi au pétrissage celui de l'introduction dans la pâte d'une farine privée de gluten, puisque la larve commence toujours par dévorer le germe du grain.

D'un autre côté, on pourrait reprocher au choc mécanique, qui met à l'abri de ces deux inconvénients, celui de ne pas atteindre les œufs déposés à l'extérieur par l'alucite, et qui attendent la température nécessaire pour éclore. — Il est vrai que l'on répondra : Les volées d'alucite qui ont pondu sur l'épi dans le champ ont déposé leurs œufs sur les balles du grain et non sur l'épiderme même ; or, pour les blés, ces enveloppes sont emportées par la ventilation au nettoyage. (Le grain de l'épeautre seul conserve sa balle, et ne la perd que sous la meule.) On n'a donc à redouter sérieusement que les œufs pondus par les volées qui ont passé de l'état de chrysalide à celui de papillon dans le grenier même ; or, ces volées sont de beaucoup les moins nombreuses. — Ceci s'applique aussi probablement aux œufs de papillon de la fausse teigne. — Quant à la femelle du charançon, elle commence par percer le grain avant de lui confier son œuf ; tout grain ainsi attaqué a perdu de son poids, sinon de sa suffisante solidité, et, dans la *lancée* que projette le tue-teigne, il ne vient pas prendre place au milieu des grains parfaitement sains.

CHAPITRE IV.

—

Comment un insecte devient un fléau. — Le fléau ne peut cesser que de deux manières. — Bon exemple à donner par les grands propriétaires.

Comment un insecte devient-il un fléau? M. Doyère s'est posé cette question à propos de l'alucite, et il s'est livré à des considérations et à des calculs fort ingénieux. Nos lecteurs nous sauront sans doute gré de les reproduire ici; c'est un des chapitres les plus curieux de son mémoire, tiré à peu d'exemplaires.

Il faut distinguer soigneusement l'existence de l'alucite comme fléau, et son existence comme espèce zoologique tenant place dans la création. A ce dernier titre, on le trouverait, sans nul doute, dans des localités où il n'est l'objet d'aucune attention, et comme tant d'autres espèces qui, inconnues même des zoologistes, seraient aussi des fléaux terribles si elles étaient dix ou cent millions de fois plus nombreuses.

Nous allons supposer une surface de pays cultivé de 10,000 hectares ou cinq lieues carrées, et y placer dix mille couples d'alucites. Dispersés ainsi, à raison d'un couple par hectare, ces petits papillons nocturnes y resteraient tout à fait inaperçus, et leurs dégâts ne s'élèveraient pas à plus d'un litre et demi de blé dévoré, chaque année, sur toute cette immense étendue.

Mais aucune espèce n'est stationnaire; toutes, au contraire, doivent nécessairement osciller suivant les circonstances extérieures : s'accroître dans les années où l'ensemble des conditions dans lesquelles elles vivent leur est favorable, décroître dans celles où il leur est contraire. Les espèces qui restent en permanence dans une contrée, sans pourtant s'y faire remarquer par leur grand nombre, sont celles que les circonstances extérieures ne favorisent jamais assez pour leur permettre de se développer au delà d'une certaine mesure, et ne contrarient jamais assez pour les anéantir entièrement.

Il existe ainsi deux cents espèces d'insectes en France, qui sont tantôt plus, tantôt moins nombreuses, et qui vivent aux dépens des diverses récoltes sans que l'agriculteur les aperçoive, ou que leurs dégâts méritent de sa part aucune attention; elles ont des périodes d'accroissement pendant lesquelles elles se multiplient, suivies de périodes de décroissement pendant lesquelles elles retournent au chiffre d'où elles étaient parties, ou s'en rapprochent plus ou moins, ou même tombent au-dessous, mais pour se relever dans la période d'accroissement suivante.

Ces périodes d'accroissement et de décroissement pour chaque espèce zoologique sont intimement liées aux diverses conditions qui constituent le climat particulier de la contrée et de la localité qu'elle habite. La température et l'humidité, spécialement, doivent y jouer un grand rôle; et c'est principalement sur les fonctions reproductives et sur la durée du développement que leur influence s'exerce.

Pour fixer nos idées à ce sujet, nous allons reprendre l'hypothèse que nous faisions plus haut, celle où l'alucite serait réduit à un seul couple par hectare. Supposons que ce soit à la fin d'une période décroissante, et que les périodes successives d'accroissement et de décroissement durent, en moyenne, trois ans, chiffre trop faible sans doute, mais qui rendra nos calculs faciles à suivre. Admettons de plus :

1° Dans les trois années de la période croissante :

Deux générations par année ;

Deux femelles fécondées et pondant sur trois ;

Trente œufs féconds par ponte moyenne ;

Trois papillons arrivant à leur complet développement pour dix chenilles sorties de l'œuf ;

2° Dans les trois années de la période décroissante :

Deux générations en moyenne chaque année, comme dans la période d'accroissement ;

Une femelle fécondée et pondant sur trois ;

Deux œufs féconds par ponte moyenne ;

Deux chenilles seulement sur dix arrivant à l'état parfait.

Voici ce que montrera un calcul que tout le monde peut faire :

1° Nos 10,000 couples pris pour point de départ au commencement d'une période favorable, se multiplieront progressivement. A la fin des trois années d'accroissement, nous aurons sur nos 10,000 hectares 7,290,000 couples d'alucites, qui auront dévoré, pour arriver à l'état adulte, environ 10 hectolitres de blé.

2° Ces 7,290,000 couples, placés, au commencement d'une période défavorable, dans les conditions que nous avons posées, iraient en diminuant progressivement, et se trouveraient réduits, au bout de trois ans, à 10,000 couples, comme à l'origine.

3° Puisque nous avons supposé que les périodes favorables et défavorables sont alternatives, l'espèce oscillera ainsi indéfiniment entre 10,000 et 7,290,000 couples, les ravages seront compris entre un litre et demi et dix hectolitres de blé sur cinq lieues carrées de surface ; elle ne disparaîtra pas, mais elle ne sera non plus jamais un fléau. Qu'on change, d'ailleurs, tous nos nombres ; qu'on rende les périodes inégales ; qu'on fasse se mouvoir les accroissements et les décroissements, de manière à leur faire dépasser ou non les limites que nous avons indiquées : le principe de notre raisonnement n'en ressortira pas moins. Tout le monde sera forcé de reconnaître que dans la nature, pour une foule d'espèces, les choses se passent comme nous venons de le dire.

Comment concevoir la rupture de cet équilibre ? Comment une espèce passe-t-elle de cet état zoologique à celui de fléau ? On admet que c'est par un changement permanent dans ses conditions d'existence ou par l'introduction de conditions nouvelles. Assurément, nous ne nierons pas qu'il en puisse être ainsi ; mais il faut reconnaître que c'est là une hypothèse restée jusqu'ici dans le vague, et que quand il s'est agi d'indiquer quels changements permanents, quelles conditions nouvelles avaient déterminé la multiplication d'une espèce à sortir de ses limites pour n'y plus rentrer, ou l'on n'a pu rien préciser, ou l'on a fait souvent les plus déplorables rapprochements. Du temps de Duhamel, on accusait le maïs d'avoir introduit l'alucite dans l'Angoumois ; soixante ans plus tard, les prairies artificielles étaient, dans le Cher, l'objet de la même prévention. Quant aux conditions météorologiques, nous savons combien elles varient peu dans leur ensemble, et combien leurs variations sont peu durables.

Comment admettre, d'ailleurs, que des causes aussi générales se fussent modifiées, dans un sens, pour une espèce, sans se modifier en même temps et dans le même sens au moins pour quelques autres ?

Nous préférons de beaucoup l'explication suivante ; elle n'invoque qu'un fait, dont personne ne contestera la possibilité, et n'exige aucun changement profond ni permanent dans les conditions générales au milieu desquelles l'espèce est placée.

Admettons qu'une fois, une seule fois, l'alucite se soit trouvé dans des conditions exceptionnellement favorables ; et, pour donner à notre raisonnement autant de précision que possible, supposons simplement que ce que nous avons appelé une période d'accroissement ait été suivi de trois années aussi favorables à la multiplication de l'espèce que les trois précédentes : nous verrons que nos 10,000 couples, arrivés à 7,290,000 couples, iraient en s'accroissant numériquement jusqu'à 5,314,410,000 couples.

Et nous aurons le fléau ; car ce nombre énorme de papillons aurait dévoré, à l'état de chenilles, 7,000 hectolitres de blé, ce qui, pour une surface de 10,000 hectares, représente une perte égale à deux fois et demie celle que nous avons admise en moyenne pour le département du Cher dans les années les plus fâcheuses.

Mais ce n'est pas tout : le fléau sera établi d'une manière permanente, et bien que rien ne doive désormais changer dans les conditions au milieu desquelles l'espèce jusque-là n'avait fait qu'osciller entre des nombres insignifiants. Qu'on introduise, en effet, le nombre qui précède dans le système de périodes triennales, alternativement favorables et défavorables, par lequel nous sommes convenus de représenter l'ensemble de ces conditions, et voici ce que l'on verra se produire :

1° L'espèce entre dans une période de décroissement forte de 5,314,410,000 couples ; elle est réduite au bout de trois ans à 7,290,000 couples ; on ne l'aperçoit plus ; on peut la croire disparue, mais là s'arrête son décroissement.

2° Elle rentre avec ce chiffre, et non avec 10,000 couples seulement, dans la période d'accroissement. Bientôt ses ravages se font sentir, et ils redeviennent ce qu'ils étaient à la fin de la période d'accroissement exceptionnelle, l'espèce s'étant relevée jusqu'à 5,314,410,000 couples.

3° Les mêmes variations continuent à se produire ; l'espèce oscille entre sept millions et cinq milliards de couples, entre un dégât de dix hectolitres et de sept mille hectolitres de blé, entre ce qu'on peut croire une disparition et les ravages les plus terribles.

Il me semble impossible qu'on ne soit pas frappé de la fidélité avec laquelle les déductions qui précèdent représentent les faits tels qu'ils se passent en réalité. Je signale notamment, comme y trouvant leur explication la plus simple, ces variations du fléau qui font qu'après qu'il a sévi plusieurs années de suite, on le voit diminuer et disparaître, pour revenir aussi terrible quelques années plus tard. Ce sont ces disparitions qui entretiennent l'inertie des agriculteurs. Ils croient toujours que la recrudescence qui les ruine sera la dernière. Je ne connais rien qui justifie une telle confiance. Nulle part l'alucite n'a disparu spontanément ; il faudrait les efforts de l'homme ou des modifications profondes dans les habitudes agricoles, pour amener un semblable résultat dans un sens déterminé. S'en remettre aux seules lois naturelles, quand on peut y porter remède, ce serait agir comme ce paysan qui, ayant à passer une rivière, s'assit au bord pour attendre qu'elle eût fini de couler.

La cessation du fléau ne me paraît pouvoir arriver que de deux manières :

Ou par une suite d'années meurtrières pour l'espèce nuisible, et aussi exceptionnelle dans sa durée et dans ses effets que l'a été la suite d'années favorables à laquelle le mal doit son origine (celle-ci s'est produite une fois dans une suite de siècles; on ne pourrait, sans un déplorable aveuglement, se croiser les bras en attendant l'autre);

Ou par l'intervention de l'agriculteur lui-même, l'invention de quelque puissant appareil, et un concours d'efforts persévérants.

Reprenons le calcul que nous faisions il y a un instant. Introduisons l'hypothèse qu'un appareil quelconque est employé de manière à détruire l'alucite dans la moitié seulement des blés infectés, et tous nos résultats seront modifiés profondément.

Les 5,314,410,000 couples qui représentent pour nous le fléau à son maximum de développement, au lieu de se réduire seulement, après les trois années d'une période décroissante, à 7,290,000 couples, tomberont à une proportion huit fois moindre, ou à 910,000 couples.

C'est ce chiffre qui servira de point de départ pour la nouvelle période ascendante; et si notre appareil continue de fonctionner, cette période, arrivée à son maximum, n'aura porté l'espèce qu'à 83,038,000 couples. Le dégât produit par cette dernière génération, qui sera la plus nombreuse à laquelle l'espèce puisse désormais atteindre, n'ira qu'à 110 hectolitres pour toute notre surface de 10,000 hectares.

Telle sera l'intensité extrême du fléau, après qu'un assainissement moyen de la moitié des blés aura été soutenu pendant six années seulement.

Si l'on continuait pendant quelques années encore, le fléau ne reparaîtrait plus. Car si nous prenons nos

83 millions de couples, et que nous les placions au commencement d'une période décroissante, nous les verrons se réduire en trois ans, par le jeu combiné de l'appareil et des circonstances défavorables, à 14,200 couples seulement; nombre si voisin de 10,000, qu'on peut lui appliquer tout ce que nous avons dit de ce dernier nombre en commençant. Il n'existerait plus autre chose qu'une espèce zoologique, dont les individus se cacheraient isolément dans les récoltes et dans les greniers, sans y faire sentir leur présence par aucun dégât appréciable.

Moins de dix années d'un assainissement qui atteindrait seulement la moitié des blés d'une contrée comme le département du Cher, voilà le temps qu'il faudrait pour y réduire le fléau à la centième partie de ce qu'il est aujourd'hui : nous sommes en mesure de l'affirmer jusqu'à ce qu'on nous ait montré une condition qui naisse de cet assainissement lui-même, et le combatte de manière à en rendre l'effet nul. On se demande comment Duhamel a pu commettre cette erreur énorme, de dire qu'un seul boisseau de blé négligé rendrait inutiles des mesures comme celles qu'il engageait le gouvernement à prendre, pour forcer les cultivateurs à assainir les grains par le chauffourage. Ce qu'il faut proclamer, au contraire, c'est qu'un seul boisseau de blé assaini diminue le fléau dans une proportion qui n'exige que d'être assez de fois répétée pour devenir sensible. Nous l'avons démontré pour un assainissement de la moitié, nous le démontrerions également pour une proportion deux fois, trois fois moindre; mais nous croyons mieux de nous en tenir à ce chiffre, parce que personne ne nous en contestera la possibilité. D'ailleurs il est évident qu'une grande partie des récoltes n'exige pas d'être assainie. On pourrait négliger toute celle que l'on écoule sur les marchés, ou que l'on fait moudre dans les six derniers mois de l'année, sans autre inconvénient que le dégât même qu'elle éprouverait. L'assainissement, fait en vue de la destruction du fléau, devrait porter exclusivement sur les blés de semence, et sur ceux que l'on ne garde plus tard que jusqu'à la fin de l'hiver. On se rappelle que les volées ne vont pondre aux champs que lorsque la température s'est élevée. Dans l'usage général, on ne peut pas évaluer ces deux portions réunies à plus du quart ou du cinquième de chaque récolte. C'est la moitié de cette quantité seulement qu'il suffirait d'assainir chaque année pendant six à dix ans, pour que le fléau disparût. Est-ce là demander trop d'efforts et de sacrifices?

Ce que le calcul nous prouve devoir se produire à titre mathématique et nécessaire, l'observation nous le montre s'accomplissant partout où l'homme s'attaque à une espèce par la destruction d'une certaine proportion de ses individus.

Les sangsues disparaissent dans une contrée moins de dix ans après que le commerce y a pénétré pour les y chercher; les animaux à fourrures deviennent de plus en plus rares, et disparaîtront un jour sur la vaste surface du continent américain. L'immensité même des mers ne met pas à l'abri les espèces qui semblaient le mieux placées pour échapper à cette cause d'anéantissement, qui tire son énergie de ce qu'elle est incessante. Nos rivières se sont dépeuplées des saumons qui y remontaient, il y a cinquante ans encore, en si grande abondance pour déposer leurs œufs. Nos côtes elles-mêmes, appauvries par une destruction sans règle, n'alimentent plus leurs populations de pêcheurs. Enfin, et pour citer un exemple emprunté à l'agriculture elle-même, n'a-t-elle pas à peu près détruit plusieurs espèces parmi lesquelles, il faut le dire, il en était qui lui rendaient de signalés services? C'est depuis qu'ont presque disparu de la basse Normandie les légions de corbeaux et de corneilles qu'on y voyait encore aux premières années de ce siècle, que la larve du hanneton y fait des ravages que l'on peut comparer à ceux de l'alucite lui-même.

Que l'on cherche parmi les espèces disparues, ou réduites à ne plus nuire, ou encore parmi celles que l'administration a dû protéger par des lois, en raison de l'utilité ou de l'agrément qu'elles procurent, et l'on verra que jamais l'anéantissement ne s'est opéré, comme le voulait Duhamel, et comme le voudraient aujourd'hui les agriculteurs, d'un seul coup. Ç'a toujours été, au contraire, par le mécanisme que nous venons d'analyser, par cette action, en quelque sorte corrosive, d'une cause qui détruit peu à la fois, mais qui agit incessamment.

M. Doyère termine par proposer, pour commencer la guerre au fléau d'alucite, une combinaison facilement réalisable. C'est que les propriétaires des localités ravagées, donnant les premiers l'exemple à la masse des cultivateurs, s'associent, et s'engagent :

1° A n'employer que des semences saines ayant subi

l'une des préparations reconnues propres à y détruire les larves d'alucite sans nuire à leur faculté germinative ;

2° A terminer leurs battages avant la fin de l'hiver, et à ne conserver leurs blés battus qu'après les avoir assainis.

MM. Richard (Cantal) et Guérin-Méneville, dénonçant les ravages annuels exercés en France par les insectes, ont posé, sans contestation, devant l'Assemblée nationale et la Société centrale d'agriculture, les chiffres suivants :

Céréales : la perte n'est jamais moindre d'un dixième, soit une valeur de 200 millions; parfois elle s'élève au quart, soit 500 millions. — *Olives :* jamais moins du quart, soit 6 millions, et peut-être même sur *six* récoltes à peine s'en trouve-t-il *une* de bonne. — Viennent ensuite les dégâts sur nos vignes, sur nos forêts, nos légumes, nos fruits, etc.

Si l'on ajoute les dommages causés par les cryptogames et les maladies végétales, on arrive à des chiffres vraiment effrayants : une valeur qui représenterait la nourriture de la nation entière, 36 millions d'âmes, pour plusieurs semaines.

CHAPITRE V.

—

Dans les temps anciens, les Romains, pour conserver leurs grains, se sont servis de silos avec un admirable succès. Les antiquaires en ont retrouvé des vestiges en différents lieux de notre France ; mais personne n'a donné du silo romain une description plus complète et plus intéressante que M. Doyère, qui a eu, en 1852, la mission d'aller étudier chez les Arabes de l'Algérie la question de la conservation des grains en silos. Il a bien voulu nous communiquer son mémoire au ministre de l'agriculture, mémoire dont nous avons donné un résumé, il y a deux ans, dans le *Journal des Économistes.*

Il existe trois ruines de silos romains au village de Saint-André, près de Merz-el-Kebir. Ils sont à dix ou douze mètres seulement du bord de la mer. L'exécution de la route qui conduit à Oran les a mis à découvert. Les deux plus petits ont même été presque entièrement détruits par la pioche moderne. C'étaient des constructions fort simples, une maçonnerie de 58 à 64 centimètres d'épaisseur, avec un revêtement intérieur formé par deux couches. La première a 5 centimètres et demi d'épaisseur, et se compose d'un ciment calcaire renfermant d'abondants fragments de brique, c'est un béton ; la seconde est épaisse d'un centimètre seulement. L'une et l'autre ont la dureté de la pierre calcaire la plus dure. Le savant voyageur a eu grand'peine, avec le marteau et l'aiguille du tailleur de pierre, à détacher quelques fragments pour l'analyse qu'il se proposait de faire à Paris. La maçonnerie elle-même est formée par des pierres noyées dans un ciment d'une dureté extrême. Bien que logée dans un terrain meuble et perméable, sur le bord de la mer et à quelques mètres seulement au-dessus de son niveau, cette maçonnerie ne porte aucune trace d'infiltration d'eau (sauf l'érosion produite par les eaux pluviales à la partie supérieure depuis qu'elle est exposée à l'air); les parois offrent la même netteté que le jour où l'on donna la dernière main à leur revêtement.

Mais c'est au vieil Arzew (province d'Oran) que l'on trouve un entrepôt romain proportionné, par sa grandeur, à celle du peuple qui l'a construit. Le plateau qui couronne la vaste étendue occupée par des ruines porte encore les débris d'une enceinte fortifiée. Cet

espace, aujourd'hui en partie cultivé, en partie couvert par un bois de cactus, se prolonge, du côté de la
mer, jusqu'au bord du talus rapide sur lequel se
trouvent les restes les plus remarquables. Sur cette
arête septentrionale du plateau sont rangés les silos
faisant face à la mer et adossés vers le midi à la terre,
sous laquelle ils se prolongent. On en a trouvé plusieurs
dans l'intérieur même de l'enceinte, et tout porte à
croire qu'elle n'enfermait pas autre chose que l'entrepôt romain lui-même, entrepôt immense. Le voyageur
y a visité neuf silos, dont plusieurs sont encore aujour-
d'hui dans un état remarquable de conservation. Leur
forme est celle qui paraît caractériser partout le silo
romain : rectangulaire, avec une voûte cylindrique
dans le sens de la longueur. Un seul est de forme carrée. Pour donner une idée du soin qui a présidé à
leur construction, voici des détails sur celui qui se
présente le premier lorsqu'on arrive au plateau par le
chemin de Saint-Leu : c'est le plus grand et aussi le
plus fait pour frapper l'attention.

Il a, dans son œuvre, 15 mètres 70 cent. de longueur, 3 mètres 53 centimètres de largeur, et 4 mètres
55 centimètres de hauteur sous la clef. Il est fermé par
une double enveloppe en maçonnerie, dont l'intérieur
constitue le silo proprement dit, tandis que l'extérieur,
dont la paroi qui regarde la mer fut construite en
forte pierre de taille, paraît avoir supporté un édifice
d'une grande solidité.

Les deux enveloppes laissent entre elles un intervalle
d'environ 2 centimètres, rempli de ciment. Ainsi le
silo était une sorte de vaste réservoir que l'on pouvait

regarder comme d'une seule pièce, vu la dureté et la
solidité excessives de l'assemblage de pierre et de ciment dont il est fait, et logé dans l'intérieur d'un édifice, dont il était isolé par une couche imperméable.
Son revêtement intérieur offre beaucoup d'analogie
avec celui des silos de Saint-André, mais il est à trois
couches. La plus intérieure a la dureté du marbre, et
elle en avait reçu le poli ; elle l'a même conservé jusqu'aujourd'hui, sur plusieurs points, tout à fait intact.
On reconnaît cette particularité curieuse en voyant s'y
refléter un objet parfaitement éclairé. Si nos maçons
possédaient l'art de faire de pareils ciments, il faudrait
prendre immédiatement le silo romain pour modèle.

Une circonstance qui frappe dans le grand silo d'Arzew, et qui a dû contribuer à le faire regarder d'a-
bord comme une citerne, c'est la petitesse des orifices
d'introduction. Ils sont au nombre de quatre, et con-
sistent en de simples trous pratiqués dans la voûte, et
de 20 à 30 centimètres de diamètre seulement. Ils ne
pouvaient donc servir ni à l'introduction d'un homme
pour les travaux extérieurs, ni même à l'extraction
des grains. « J'ai cherché presque tout un jour, dit
M. Doyère, la raison de cette singularité, et j'ai été
assez heureux pour la trouver. »

La masse de terre en forme de talus, qui remplit
presque entièrement l'une des extrémités du silo, cache
une petite porte murée, latérale, vers le tiers de sa
longueur. Or, cette porte donne sur un puits qui se
trouve être encore parfaitement conservé, ainsi que la
pierre qui en forme l'orifice supérieur : c'était là le puits
d'extraction, commun à deux silos pareils, contigus

l'un à l'autre dans le sens de leur plus grande longueur, et qui s'emplissaient par les quatre petits orifices d'en haut. L'aspect des ruines qui se voient à l'ouest confirme cette opinion. D'un autre côté, le mur d'enveloppe se prolonge vers l'intérieur de l'enceinte fortifiée, sur la limite du bois de cactus qui couvre en partie le grand silo lui-même. En le suivant et faisant quelques recherches, M. Doyère a reconnu qu'il s'arrête à une longueur exactement double de celle du silo, et se trouve à angle droit avec un mur qui offre absolument la même construction. Tout indique qu'il a existé là un grand édifice ayant pour substructions au moins quatre silos, comme celui dont le visiteur a donné les mesures. Leur contenance totale doit être d'environ 9,000 hectolitres.

Les autres silos, situés, comme le précédent, sur la limite nord du plateau, sont beaucoup moins grands ; mais on en a trouvé d'autres au moins égaux dans l'intérieur et sous le sol actuellement cultivé. Le visiteur a descendu dans un qui avait été ouvert un an auparavant ; malheureusement on l'avait rempli presque en entier de terre et de débris, et il n'a pu en prendre les dimensions exactes. Ce qui l'a surtout frappé, c'est la conservation parfaite des maçonneries et des revêtements. Il estime qu'il n'y a aucune différence à faire entre de pareilles constructions et des capacités absolument imperméables à l'eau, aux vapeurs et aux gaz, tels que seraient, par exemple, des vases en verre, en métal ou en poterie vernissée.

Un fait qui n'est pas, à beaucoup près, sans intérêt, c'est que les silos d'Arzew ont leur fond dans une

glaise qui retient beaucoup d'eau, même après la saison des grandes chaleurs. Ainsi, c'était exclusivement
par l'imperméabilité de leurs maçonneries que les Romains assuraient leurs approvisionnements contre les
dangers de l'humidité extérieure. Le choix de la localité n'avait dès lors à leurs yeux qu'une importance
secondaire, et répondait à des nécessités d'un autre
ordre.

En Espagne, on peut visiter d'anciens silos maures.
Cette nation de guerriers et d'agriculteurs avait retrouvé, ou peut-être avait simplement pris soin de
conserver plusieurs des grands procédés de la civilisation antique, et au premier rang celui si important de la conservation des grains. Les silos du vieux
château d'Alcala-de-Guadeyra, dans les environs de
Séville, sont de vastes caves creusées au ciseau dans
le bloc de grès qui parait former le mamelon tout entier sur lequel le château repose. Leur forme est celle
de carafe, ou mieux encore de ruche d'abeilles, qui se
rencontre dans les silos de l'Estramadure, et aussi
dans les silos grossiers de l'Arabe d'Algérie. On peut
suivre, d'après les hachures que le ciseau a tracées,
le travail de l'ouvrier sur leurs parois, dont la dureté
est comparable à celle des meules les plus dures. Et
qu'on n'attribue pas la raison de pareils travaux seulement à des nécessités extrêmes, comme celle de la
défense d'une place forte; on retrouve chaque jour de
ces silos creusés avec autant de travail et dans une
roche de même nature sur différents points de la campagne environnante, notamment sur un plateau dont
l'élévation correspond au niveau des tours du vieux

château Alcala-de-Guadeyra, où, comme on dit aussi *de los panaderos*, la ville *des boulangers*, fut jadis le grenier de Séville. L'art de la boulangerie s'y est maintenu encore de nos jours à un degré de perfection inconnu dans le reste de l'Espagne; leur pain, qu'ils portent à Séville, est excellent, blanc comme la neige, et d'une conservation facile qui le fait rechercher pour les approvisionnements de la marine. Ces silos taillés dans le roc se retrouvent aussi dans les environs de Cordoue; les Maures semblent avoir donné la préférence à ce système là où son application était possible.

Lorsqu'ils n'avaient à leur disposition qu'un terrain meuble et perméable, ils construisaient des revêtements en maçonnerie. On cite en Espagne plusieurs ruines de ce genre. M. Doyère a visité une construction analogue, qui prouve avec quel art les Maures ont su construire en maçonnerie des réceptables étanches. Elle est logée dans un terrain meuble, et les parois ont été entièrement faites de main d'homme. C'est une maçonnerie excellente qui a environ 26 mètres d'épaisseur autour de l'orifice, et qui est revêtue d'un ciment à l'intérieur. La couche de ciment est d'une épaisseur très-irrégulière; elle semble avoir été jetée brute contre la maçonnerie, et retaillée avec un outil tranchant après sa consolidation. Elle est revêtue en outre d'une couche de peinture d'un rouge vif; il est présumable qu'elle a dû servir à recevoir l'huile au sortir du pressoir.

On fait remonter jusqu'à l'époque de l'occupation des Maures les silos de la ville de Rota, petit port situé

en face de Cadix, à l'embouchure du Guadalète, et qui
est l'entrepôt d'un commerce considérable de grains.
Ces silos sont certainement ceux les plus renommés de
nos jours.

Ils sont pratiqués sous les rues mêmes de la ville.
Leur existence se révèle par la disposition particulière
des pavés au-dessus de l'espace souterrain qu'ils occupent. Ces pavés sont des galets plats ; ils forment une
série de cercles concentriques autour de l'orifice du
silo. Le cercle le plus intérieur, qui a de 50 à 60 centimètres de diamètre, est formé par un pavage moins
solide, afin qu'on puisse le lever pour ouvrir le silo
sans ébranler le pavage environnant.

Le sol est un de ceux que l'Espagnol choisit ou plutôt choisissait volontiers pour l'ensilage (l'usage en est
bien abandonné dans la plus grande partie du royaume).
Les habitants le désignent sous le nom de *barro-ribio*,
à cause de sa couleur d'ocre rouge. Le dépôt est très-
limité en étendue superficielle, et n'atteint pas même
les dernières maisons de Rota du côté de la campagne.
Il n'a pas une épaisseur de plus de 6 à 8 mètres, et
il est superposé à un dépôt très-perméable, dont la
couleur est d'un blanc bleuâtre, que les habitants
nomment le *barro blanco* : c'est une marne. Aussi, lorsqu'on creuse un silo, prend-on beaucoup de précautions pour ne pas aller au delà de la couche imperméable. Si ce malheur arrive, le travail est considéré
comme perdu ; on le recommence ailleurs.

La fosse creusée dans le *barro-ribio* n'est que l'espace destiné à loger le grenier véritable, qui est formé
d'une maçonnerie dont les matériaux, pierres et chaux,

sont excellents. La pierre s'extrait, au pied des falaises qui bordent la mer, d'un dépôt siliceux assez dur pour qu'on y taille des meules de moulin.

La forme du silo est celle d'une amphore renflée dans sa partie supérieure. L'orifice est fait avec beaucoup de soin et fermé par un tampon en pierre, qui s'y applique aussi exactement que possible. Le fond du silo est garni d'une très-épaisse couche de paille, que l'on recouvre d'une natte. Les parois sont garnies d'une sorte de matelas fait avec de la paille longue, que l'on tord en cordes de la grosseur du bras, et que l'on maintient avec de fortes tiges de roseau. Quelquefois on entrelace le tout de manière à former une sorte de robuste tissu, où les roseaux jouent le rôle de la chaîne. Nulle disposition ne serait plus favorable pour établir le rempart d'une couche d'air sec et ambiant entre le grain et les parois.

Le silo une fois rempli jusqu'au bord de son orifice, on y applique le tampon, qu'on lute avec de la chaux dans la gorge construite pour le recevoir. Ensuite on étend au-dessus une couche de chaux épaisse de 1 à 2 centimètres, qu'on laisse bien sécher avant de mettre le pavé en place. Le pavage des rues de Rota offre cette particularité que les intervalles entre les galets, au lieu d'être, comme les intervalles qui séparent nos pavés de Paris, remplis avec un sable qui laisserait filtrer l'eau, sont remplis par un ciment calcaire qui fait de ce pavage une maçonnerie imperméable.

Les mêmes procédés d'ensilage existent à Tarifa, et probablement aussi dans d'autres localités de l'Andalousie, qui s'avance entre les deux mers vers l'Afrique, comme un vaste promontoire.

« Les silos de Rota, dit M. Doyère, conservent le grain sans aucune altération, et pendant un temps dont rien n'a pu me permettre de fixer la limite. Il est certainement de plus de six ou sept ans, et très-probablement de plus de dix ans. On m'a affirmé que des blés avaient été trouvés dans un état parfait après plus de trente ans. La durée de l'ensilage est un élément dont on ne tient pas compte à Rota ; seulement on fait la couche de paille qui tapisse les parois du silo moins épaisse quand le blé doit être extrait dans le courant de l'année. Mais si le but qu'on se propose est d'attendre des chances de vente favorables, on n'ouvre que lorsque ces chances se présentent. Il n'est point ici besoin de soins et de visites annuels. Dans ce moment (1852) la plupart des silos de Rota sont pleins depuis 1848, et l'on attend pour les ouvrir un bon prix sur le marché.

« Il me reste à signaler un fait qui montre combien ce système est propre à préserver les grains contre les ravages des insectes, en même temps qu'à empêcher toute fermentation, ou même arrêter celle qui s'est déjà produite. Lorsque les silos de Rota sont vides, il arrive souvent que leurs propriétaires achètent à Cadix des grains pour les remplir. Ce sont des blés provenant d'Odessa ou de Catalogne, en destination pour l'Angleterre, qui se sont échauffés à fond de cale des navires, et que les capitaines se hâtent de vendre pour ne pas les perdre tout à fait : ils sont pleins de charançons. Mis en silo, la fermentation s'y arrête immé-

diatement; et lorsqu'on les retire, au bout de trois ou
quatre mois, on les trouve frais, et tous les insectes
sont détruits. Il suffit de les nettoyer et de les sécher
au soleil pour qu'ils soient de très-bonne vente. Toutefois, on a fort bien remarqué que le principe même
de la fermentation ne disparait pas ; que son action
n'a été qu'interrompue, et que ces grains s'échauffent
de nouveau, avec une très-grande rapidité, lorsqu'ils
sont exposés à l'air en tas d'une certaine épaisseur.
Les habitants de Rota, pour exprimer le rôle que
leurs silos jouent dans ces curieuses spéculations, di-
sent avec une énergie pittoresque : « Le silo est un
hôpital pour les grains. »

Toutefois, on peut reprocher aux silos de Rota que
le ciment n'est pas vraiment imperméable autant qu'il
devrait l'être ; la fabrication laisse encore à désirer.
Or, si faible qu'on suppose la quantité d'eau qui pénètre de l'extérieur, soit par capillarité, soit à l'état
de vapeur, elle doit nécessairement finir par élever
l'humidité du grain aux proportions qui déterminent
la réaction de ses principes les uns sur les autres.
Mais ce résultat peut exiger un assez grand nombre
d'années pour qu'il n'y ait pas à s'en préoccuper dans
la pratique. L'effet d'un ensilage très-prolongé, en
dehors des limites de l'usage, se réduit à une odeur
qui disparait par l'exposition au soleil et quelques
pelletages.

Des silos analogues se rencontrent en Italie, en Sicile, à Malte et dans le midi de la France, mais qui
sont loin d'avoir une aussi bonne construction.

Le savant Lasteyrie a fait l'éloge des silos de la

Hongrie. Leur dimension ordinaire est de 2 mètres 30 centimètres, et leur profondeur de 2 mètres 60 centimètres. On préfère la forme circulaire, qui présente plus de solidité, à cause de la poussée des terres. La construction des parois est en briques d'argile plastique, non cuites, plus épaisses que les briques ordinaires ; le fond, qu'on a soin de bien niveler, est formé de carreaux d'argile crus, de 22 centimètres sur 6 centimètres d'épaisseur. On en fait une première assise sur laquelle on étend un enduit d'argile très-liquide, pouvant pénétrer dans tous les joints et servir de mortier ; sur cette assise on en pose une deuxième, de manière que les surfaces des seconds carreaux couvrent les joints des premiers ; on lie le tout avec de l'argile liquide. Au moment de jeter le grain dans ces fosses, on y fait brûler du bois bien sec, afin de retirer l'humidité de la construction et de la durcir. Les parois sont revêtues de paille, et le silo recouvert d'une double natte, puis de paille bien foulée et d'argile. Si le grain vient à éprouver du tassement ou un affaissement sensible, le couvercle du silo suit ce mouvement, et opère une pression continue.

Il est utile de remarquer que la paille qu'on emploie à cet usage a subi une préparation. On la fait passer dans une chaudière d'eau bouillante, puis on la place sur un sol bien uni et un peu en pente, ou mieux sur une forte table, et l'on fait rouler dessus, à plusieurs reprises, un cylindre de pierre. Cette opération écrase la paille, en exprime l'eau, et une dessiccation à l'air, au soleil ou, au besoin, sur le poêle, achève de la rendre très-convenable.

En Russie, on peut citer également des silos souterrains qui rendent aussi d'excellents services. Voici quelques détails sur ceux que construisent à peu de frais les paysans des environs de Kanief (gouvernement de Kieff). Ils nous ont été donnés par un ingénieur français, M. Horeau, qui dirigeait il y a trois ans des opérations de sondages dans la Russie méridionale. Il convient de remarquer que le sol de la localité se compose d'une première couche de terre végétale qui a jusqu'à un mètre et demi et parfois jusqu'à deux mètres de profondeur, d'une seconde couche d'argile sableuse, puis enfin d'une couche d'argile compacte.

On enlève d'abord, sur un diamètre de un mètre et demi environ, la terre végétale et la couche sableuse. Lorsqu'on a atteint l'argile pure, on approfondit le trou en l'élargissant jusqu'au diamètre de quatre à cinq mètres, puis on le restreint un peu vers le bas, de sorte que, le travail fini, il présente à peu près la forme d'une bouteille rétrécie par le fond. Ce silo terminé, on le sèche à l'intérieur en y faisant brûler de la paille ; ensuite on le garnit, au fond et sur les flancs, jusqu'au *goulot* ou col, d'une forte couche de paille bien sèche, placée debout, et retenue contre les parois par des baguettes horizontales que fixent des crochets de bois.

Le trou ainsi revêtu est empli jusqu'à la base du col d'un blé précédemment bien séché (nous dirons ailleurs par quel procédé), on recouvre avec de la *balle* et des menus débris des épis, jusqu'au niveau de la partie inférieure de la couche de terre végétale, puis on ferme avec de l'argile fortement foulée, dont la partie supérieure doit former, au-dessus du sol, un petit monticule conique, que l'on entoure d'un fossé avec une rigole d'écoulement. On a des exemples, dit M. Horeau, de blés conservés ainsi sans altération pendant vingt années.

Quelques constructeurs encore plus soigneux, lorsque le trou est fini et avant de le sécher, ont imaginé de piquer dans l'argile, sur toute la surface des parois, une quantité considérable de petits morceaux de verre. On fait ensuite un feu violent qui fond ce verre, et l'on obtient de la sorte une véritable bouteille enfermée dans le sol. Ce procédé, que les paysans exécutent avec une grande habileté, donne d'excellents résultats. Il va sans dire que, dans tous les cas, on a la précaution de choisir pour l'établissement du silo un sol élevé et sec.

Cependant, à côté de ces exemples de silos parfaits que fournissent encore de nos jours la Hongrie, la Russie et l'Espagne, on est forcé de reconnaître que leurs silos vulgaires, ceux où manquent le revêtement d'une argile cuite ou d'une excellente maçonnerie, fonctionnent d'une manière fort triste.

C'est ainsi que ceux de Barcelone, qui sont de simples fosses sans revêtement, si ce n'est à la partie supérieure qui forme voûte au-dessous des rues de la ville, ceux de Barcelone, disons-nous, sont bien loin de rendre un service acceptable comme celui des silos de Rota.

C'est ainsi que les silos de la basse Estramadure, qui manquent de tout revêtement et n'ont que la simple garniture de paille, communiquent au blé une altération qui se trahit dès la première année par une

odeur spéciale ; il faut l'exposition à l'air et des pelletages répétés pour la faire disparaître. Après deux ans
de séjour, l'odeur et une saveur spéciale persistent,
malgré tous les nettoyages ; le blé ne peut plus servir
comme blé de semence, il ne germerait pas ; le gluten
est altéré dans ses propriétés essentielles. Le grain est
reconnu sur les marchés pour de vieux blé de silo, et
subit une dépréciation qui peut aller du quart à la
moitié du prix ordinaire (nous entendons la partie de
ce blé qui est restée susceptible d'être portée sur le
marché, qui a conservé de la valeur marchande). L'habitude où l'on est de visiter les silos chaque été pour
constater l'état des grains, et de renouveler la garniture de paille, empêche seule la perte totale. Un de ces
silos qu'on abandonnerait à lui-même, sans le visiter
pendant six ou sept ans, ne rendrait à son propriétaire
que du blé entièrement gâté.

Notez qu'il s'agit là de silos construits dans des conditions de sol qui semblent très-favorables. Ils sont
dans la *Tierra de los Barros*, la Terre des argiles, petite contrée à dix lieues de Badajoz, très-fertile, et qui
ne cultive que le blé. Le silo se creuse dans un dépôt
de sable, de grains et de nodules siliceux fortement
liés par une argile très-ferrugineuse, au-dessus de
schistes relevés presque jusqu'à une position verticale.
Le lieu choisi est pour l'ordinaire quelque mamelon,
où le dépôt atteint jusqu'à une dizaine de mètres de
profondeur ; et presque toujours le mamelon est bordé,
immédiatement ou à peu de distance, par un ravin, qui
donne un facile écoulement aux eaux que le schiste
peut contenir dans ses fissures.

Quant aux Arabes de l'Algérie, ils procèdent encore plus rondement. Leur silo, primitif et grossier, n'est qu'un magasin temporaire qui convient tout au plus à des tribus nomades exposées à de fréquents pillages ; on l'ouvre au fur et à mesure qu'il s'agit de consommer ou de vendre ; pour l'ordinaire, c'est au bout de deux ou trois mois, et le grain se trouve plus ou moins altéré. L'Arabe consomme le mauvais, et porte au marché celui qui a conservé une valeur quelconque. On voit sur le marché de Karguentah, près d'Oran, et sous la halle de Mostaganem, des blés de l'année déjà entièrement avariés, et qui ne trouveraient d'acheteurs sur aucun de nos marchés de France.

Nos soldats ont pu citer, pendant plus d'une expédition, des faits de silos ouverts d'où l'on tirait de l'orge tellement gâtée, que les chevaux, les mulets et les ânes n'y voulaient point toucher. On l'abandonnait aux guides arabes, qui la recevaient avec joie et vivaient là-dessus pendant plusieurs jours. En fait de conservation des grains, l'Arabe n'est pas exigeant.

Là où le silo arabe fonctionne moins mal, c'est que le sol est tout à fait favorable : par exemple, sur les moins élevés des plateaux qui environnent Oran, ceux qui forment le pied des montagnes au delà de la Mlata, auprès d'Arbal, d'autres dans le district accidenté de Mostaganem. Le sol présente un dépôt ferrugineux, souvent compacte, jusqu'à une grande profondeur, mais le plus généralement à demi-meuble, si ce n'est à sa surface, qui est une couche de grès imperméable et continue, ayant depuis quelques centimètres jusqu'à plus d'un mètre d'épaisseur. Dans un sol de cette nature étaient creusés les silos où, avant la conquête française, le bey d'Oran faisait déposer les tributs en grain servis par les populations voisines.

M. Benazé, qui en 1850 possédait et exploitait un beau moulin à vapeur dans le faubourg d'Isly, et qui est une autorité compétente dans la question, déclare que les grains provenant de Médéah, des silos les plus réputés de l'Algérie, peuvent perdre leur odeur de silo lorsqu'ils n'y ont séjourné qu'un an ou deux tout au plus; mais qu'après un plus long séjour, cette odeur ne peut leur être enlevée par aucun moyen.

Une circonstance très-importante, et dont il faut tenir grand compte, c'est que dans la pratique des anciens et de nos jours, en Algérie, en Espagne, en Russie, en Hongrie et partout où l'on ensile, on n'a jamais songé à confier au silo un grain qui ne soit dans un état de forte dessiccation. Le grain de l'Arabe reste longtemps exposé sur l'aire aux rayons du soleil d'Afrique.

En Espagne, c'est la récolte du blé qui se fait la dernière; on en voit encore sur pied plus tard que la mi-août. Il est toujours parfaitement mûr, au point qu'en le coupant on doit procéder avec précaution pour que l'épi ne s'égrène pas. Tombé sous la faucille, il est dépiqué immédiatement en plein soleil, sous une température très-élevée (le thermomètre accuse, au soleil, plus de 60 degrés). Le dépiquage se fait au *trillo*, sorte de traineau garni par-dessous de silex et attelé de deux mules. On le promène sur les gerbes étendues jusqu'à ce que la paille soit toute réduite en fragments de moins d'un pouce. Tandis qu'une femme et un enfant,

montés sur le *trillo*, le conduisent, des hommes armés
de fourches donnent à ce mélange de paille et de grain
une sorte de fanage, de manière que l'air et le soleil y
pénètrent partout. Vient le nettoyage, opération pendant laquelle le grain reste encore exposé sur l'aire à
cette forte chaleur, après quoi on l'ensile sans tarder
d'un jour.

Le livre de M. Storch, *Tableau de la Russie*, donne
de curieux détails sur le mode de dessiccation du blé
avant qu'on procède à son ensilage.

On coupe le blé à la faucille (dans les contrées de la
Russie allemande, on se sert de la faux et même de la
sape, encore plus expéditive); on le lie en gerbes; on
en rassemble dix que l'on range en cercle les unes
contre les autres, et on les couvre avec une gerbe renversée. (C'est l'excellent système de *villotes*, que nos
journaux, même les politiques, le *Moniteur* en tête,
prêchent chaque année à nos campagnards, sans réussir que fort peu à le faire adopter.) Quand elles sont
sèches à l'air, on les met en gros tas sur des échafauds
de bois, où on les laisse jusqu'au moment de les porter
au four à sécher le blé. Cet usage de sécher les gerbes
au four avant de les battre est général dans toute la
Russie et même en Sibérie.

« Les fours à blé, en russe *ovin*, sont des cabanes
de bois, formées de poutres jointes ensemble : on y
pratique des ouvertures qui peuvent se fermer à volonté, et on place plusieurs traverses dans l'intérieur.
On construit dans la terre, immédiatement à côté, un
poêle de maçonnerie dont les soupiraux s'ouvrent dans
l'intérieur de la cabane. Quand on veut faire sécher le

grain, on suspend des gerbes aux traverses et on entretient un feu doux dans le poêle, afin que la fumée
entre dans la cabane, ce qui fait suer les gerbes; on
fait sortir la vapeur par les ouvertures extérieures,
que l'on peut ouvrir à volonté. »

Les Chinois, chez qui l'antique usage du silo s'est
conservé à côté de celui des greniers, font passer par
une étuve les grains à ensiler.

Les Romains étendaient leurs grains, recouverts
d'une toile imperméable, sur une plate-forme qui recevait la chaleur du tuyau destiné à chauffer le bain (le
bain était d'usage journalier chez eux, même pour les
gens pauvres). La dessiccation s'opérait ainsi, douce et
lente, à l'abri des injures de l'air.

Il y a une trentaine d'années, vers 1825, le célèbre
fabricant Ternaux tenta en France, à son château de
Saint-Ouen, près Paris, une conservation par le silo du
campagnard espagnol. Quelques voyageurs qui revenaient d'Espagne, où ils avaient observé les faits à la
légère, lui avaient dit : « On creuse une simple fosse,
on y met le grain sans s'inquiéter s'il est sec ou humide;
on ouvre à volonté, et même on laisse la fosse ouverte
aussi longtemps que l'on veut, sans que jamais le blé
s'y échauffe. Quant à la nature du sol, on n'a pas à
s'en préoccuper, pourvu seulement que le fond de la
fosse soit au moins à un mètre au-dessus du niveau
des eaux souterraines. »

Séduit par leurs récits, Ternaux négligea toute précaution : on creusa les fosses en plein air, dans une localité basse et humide, le long d'une avenue couverte
par des arbres, au voisinage de la Seine, sous un sol

sableux et très-perméable. La terre que l'on extrayait contenait 20 et même 40 pour 100 d'eau, d'après le rapport de MM. Bosc et Soubeiran. Le terrain était formé par des lits alternatifs de marnes argileuses ou gypseuses conduisant les infiltrations des eaux pluviales. On n'y appliqua aucun revêtement ; on n'y fit usage d'aucun moyen pour dessécher les parois ; dans les procès-verbaux, rien n'indique que pendant la durée des travaux, et pendant l'ensilage même, des précautions aient été prises pour s'abriter contre l'intempérie des saisons. On y lit même ce passage curieux : « M. Ternaux nous invita à descendre dans un silo neuf et vide. Nous remarquâmes tous l'extrême humidité de cette fosse ; le fond était mouillé au point d'être excessivement boueux. » On recouvrait le fond de quelques fagots, et on appliquait une mince couche de paille contre les parois. On ensilait dans la saison pluvieuse, et l'opération, au lieu d'être conduite rapidement, dura quinze jours.

Ternaux, dans son rapport, disait avec une naïveté fervente : « Ainsi, le grain dans le silo est soustrait : à l'action de la chaleur et du froid, par quatre pieds de terre qui existent au-dessus de sa partie supérieure ; — à l'action de l'air, parce qu'il est hermétiquement enfermé ; — à celle de l'eau et de la terre, parce qu'il en est séparé par une couche de paille. — Si le grain est menacé par l'humidité provenant d'infiltration ou autrement, la paille se dilate, se pourrit, forme une croûte qui devient une enveloppe plus épaisse et ajoute à la conservation. »

7.

Un résultat désastreux fut le prix de son zèle, si singulièrement employé.

Cet insuccès compromit devant l'opinion publique en France la question de l'ensilage, à une époque où tous les esprits étaient en éveil et favorablement disposés. Les expériences de Saint-Ouen furent pendant plusieurs années, jusqu'au jour de l'ouverture des silos et du désappointement du conservateur, l'objet d'une attente et d'un enthousiasme dont on se ferait aujourd'hui difficilement une idée. Il est fâcheux que le bon vouloir de Ternaux n'ait pas été mieux renseigné, et qu'aucun voyageur ne lui ait signalé, dans cette même Espagne, à côté du silo du paysan, les excellents silos maçonnés de Rota, et aussi, dans la Russie méridionale, les *bouteilles souterraines* dont nous venons de parler, silos qui rendent de si grands services au commerce des grains, à la condition toutefois d'être construits et entretenus avec un soin extrême, et de ne recevoir que du blé préparé par une dessiccation suffisante.

La négligence avec laquelle furent faits les essais de Saint-Ouen s'explique d'autant moins qu'il existait alors (depuis 1819) un très-remarquable mémoire de Lasteyrie : *Des fosses propres à la conservation des grains et de la manière de les construire*, mémoire dans lequel on trouve résumé ce que ses nombreux voyages l'avaient mis à même d'observer relativement à l'ensilage, et ce que les auteurs anciens et les voyageurs modernes en ont dit de plus important. Il en avait déduit des conclusions très sages pour la construction des silos.

Il propose d'adopter la forme circulaire. Il donne à la bâtisse 40 centimètres d'épaisseur, non compris un revêtement intérieur et extérieur, et il entoure l'ensemble, de toutes parts, d'une couche de sable de 40 à 50 centimètres, qui facilite l'écoulement des eaux pluviales. L'ouverture est une pierre circulaire qui s'ajuste dans une rainure tracée circulairement à la partie inférieure d'un couvercle de pierre, avec deux gouttières à ses extrémités. Au-dessous est une planche qui sert de premier couvercle, et le vide est rempli de paille. Le sol sera recouvert en dalles. On peut accoler les unes aux autres plusieurs fosses, comme les alvéoles d'un rayon que construisent les abeilles, ce qui serait économique et offrirait une grande solidité.

La meilleure réussite de silo souterrain que l'on puisse citer en France est celle qui eut lieu en Auvergne au château de Palerne, près de Riom. M. Joannard, régisseur de cette propriété, qui appartenait alors à M. de Rigny, a raconté à M. Doyère les détails suivants :

« Les récoltes de 1820 et 1821 avaient été très-abondantes ; le blé était déprécié, il ne valait pas plus de 13 à 14 francs l'hectolitre. M. de Rigny, n'étant pas pressé de vendre, me donna le plan d'un silo, et me laissa chargé du soin de sa construction.

« J'y mis tout un été, afin que, au fur et à mesure que la bâtisse se faisait, elle eût le temps de sécher et de durcir par l'air et la chaleur. Ce silo avait la forme d'une carafe. Il fut construit avec de la petite pierre et beaucoup de chaux ; en un mot, pour me servir de l'expression du pays, à *pierre baignée*. Sa profondeur était de 15 pieds sur 12 de large. J'avais cherché, pour l'établir, un terrain bien sec, où j'ai trouvé 3 pieds de terre végétale (on est là dans la Limagne d'Auvergne), 6 pieds de tuf ou de terre blanche, et 6 pieds de sable très-fin et bien lavé.

« Le silo une fois déterminé et parfaitement sec, je fis verser dedans 416 hectolitres de blé; et lorsqu'il fut rempli, j'en fis fermer l'ouverture avec une pierre plate. Tous les joints furent bouchés avec du chanvre; je mis par-dessus un demi-pied de charbon pilé; sur le charbon un demi-pied de pierre; puis, un pavé ordinaire; et enfin, par-dessus le tout, je fis construire provisoirement un hangar couvert en chaume, qui devait être remplacé plus tard par un grenier.

« A la fin de 1828, le blé se vendant de 25 à 28 francs l'hectolitre, nous crûmes le moment favorable; et, après sept ans de séjour dans le silo, le froment en fut retiré. Il y eut, sur la quantité totale, un déchet d'environ 8 doubles décalitres. Il fut vendu à Riom sur le pied des premières qualités. »

On pourrait citer aussi un silo que M. de la Croix fit, vers la même époque, *creuser dans le roc* à Ivry, près Paris. Au lieu de revêtir les parois de paille, il les fit enduire d'un mélange d'huile, de cire et de litharge, d'après le procédé de deux chimistes célèbres, Thenard et Darcet. Le grain y est demeuré intact pendant quelques années.

Le silo extérieur est moins compromis dans l'opinion publique que le silo souterrain, probablement parce qu'il a été moins essayé, ou que ses désastres ont été moins éclatants. Avant de songer au silo extérieur, on doit y regarder à deux fois, car sa construction exige de grands frais. Il faut lui donner des parois assez solides pour résister à la poussée du blé, sans être soutenues, comme le sont les minces enveloppes du silo souterrain, par la terre dans laquelle il est placé. Cette poussée est énorme; un silo extérieur devrait être construit avec la même solidité qu'un réservoir d'eau élevé au-dessus du sol.

Les voyageurs nous racontent que sur les plateaux du Mexique, dont la température est comparable à celle de la Sicile et où la culture du froment est très-productive, on construit en plein air des espèces de tours en forte maçonnerie appelées *troxes*, ce qui signifie en espagnol *grenier*. Ces troxes, fermées en haut, n'ont généralement qu'une ouverture latérale par laquelle on dépose et on extrait le froment, et qui demeure bien scellée ; chacune d'elles renferme jusqu'à 1000 hectolitres de grain et plus, et ce grain s'y conserve, assurent-ils, *pendant plusieurs années sans la moindre altération.*

Le fait vaudrait la peine d'être éclairci, et qu'on s'adressât sur ce sujet à nos consuls dans ce pays. Ces voyageurs du Mexique ont peut-être parlé aussi légèrement des troxes, que les voyageurs qui avaient raconté à Ternaux les merveilles du silo vulgaire de l'Espagne. Il faudrait supposer que la température n'éprouve aucune variation nocturne ou diurne de quelque importance sur les plateaux du Mexique, même pendant la saison des pluies.

En Algérie, notre génie militaire a construit de vastes silos extérieurs; un cultivateur habile de la colonie a

construit des silos demi-souterrains, et ces deux systèmes n'ont pas donné les résultats qu'on en espérait.

Assez récemment M. du Peyrat, directeur de la ferme-
école des Landes, a recommandé le silo extérieur de
faible dimension, d'une capacité par exemple de 10 à
15 mètres cubes, soit 125 hectolitres en moyenne. On
pourrait en accoler deux, trois ou quatre ensemble,
selon le besoin.

Il place ce silo dans l'intérieur d'un bâtiment, à
1 mètre 50 au moins en dehors du sol, isolé de tous
côtés par de bons murs épais en maçonnerie, et se
terminant au plancher du premier étage. On ména-
gerait dans ce plancher un trou d'homme qui servirait
à charger le silo; la décharge se ferait par le bas, au
moyen d'une très-petite ouverture ménagée sur un
côté. On renouvellerait ainsi facilement le grain chaque
année, et même on pourrait vérifier son état aussi
souvent qu'on le désirerait. Viendrait-il à s'échauffer
ou à prendre de l'odeur? on pourrait, par une belle
journée, le faire descendre dans un ventilateur ou
dans le tue-teigne.

Il y a une trentaine d'années, le comte Dejean fit
construire, à la manutention des vivres de Paris, trois
cuves en plomb de huit mètres cubes de capacité. On
plaça l'une au soleil, l'autre à l'air libre sous un hangar, et la troisième dans une cave. Pendant quatre
années, dit-on, elles gardèrent le grain en bon état.
Leur inventeur proposa donc de mettre le blé dans des
chambres ou caveaux revêtus de lames de plomb. Nous
ne sachons pas que l'usage en ait été adopté ailleurs,
ni même conservé à la manutention. C'est une imita-

tion des *caisses hollandaises* construites en sapin très-épais, et doublées de plomb coulé ; le blé est fortement tassé, et le couvercle parfaitement soudé.

Le procédé offre le danger qu'à la moindre humidité déterminée par la légère fermentation, à peu près inévitable (comme nous le dirons plus loin), il peut se former des sels de plomb, qui sont autant de poisons.

Dans une lettre insérée dans le *Journal d'agriculture pratique*, en 1846, M. Léon Dufour, qui fait à la fois de la haute science et de l'agriculture, raconte qu'il est dans l'usage de déposer son blé dans des futailles ou de grandes caisses ; il ne les place point à la cave, dans la crainte de l'humidité, mais au grenier. Il les dispose en une série d'une seule rangée, le long du mur, dans le lieu le plus sombre. Il a soin de tenir habituellement les volets des croisées fermés.

« Dans les grands dépôts de grains, ajoute-t-il, dans les greniers d'abondance, des foudres en tôle de la capacité de 30 à 40 hectolitres, placés dans les mêmes conditions que mes futailles, offriraient encore plus de garanties de conservation. »

Le succès le plus remarquable obtenu par le moyen d'un silo extérieur est celui du général Demarçay, qui, après le désastre des silos de Saint-Ouen, qu'il avait d'abord songé à imiter, s'avisa tout simplement de verser le blé dans une glacière, et s'en trouva bien. (Son fils conserve le même usage encore aujourd'hui.)

A la suite de cette expérience, le général proposa à l'Académie des sciences le *silo-glacière*. Il consiste en une caisse cylindrique de bois, construite dans l'intérieur d'une glacière, dont elle occupe la capacité en

hauteur et en diamètre, moins un espace de 33 centimètres qui reste vide entre le fond et les parois de la
glacière et ceux de la caisse. L'air circule dans cet espace, et sort par l'ouverture de la glacière. La caisse
est fermée à sa partie supérieure par trois couvercles
en bois, distants entre eux de plusieurs décimètres. Le
tout est recouvert par une toiture en paille.

Des silos extérieurs, ce silo est celui qui échappe le
mieux à l'inconvénient des variations de température,
le plus grave parmi ceux que la théorie d'un ensilage
parfait leur reproche.

Que nous enseigne cette théorie, que nous allons
résumer en prenant pour guide M. Doyère? Il a étudié
la question des silos avec une sagacité et une patience
bien louables.

CHAPITRE VI.

Le blé, comme toutes les substances organiques, porte en lui-même une cause de sa décomposition : c'est sa tendance à fermenter. Cette tendance y est même plus grande que dans beaucoup d'autres substances végétales, à cause de sa composition complexe, et surtout de la proportion élevée de matière azotée qu'il renferme.

Une substance végétale qui fermente est un corps qui brûle, un corps dont une portion de carbone se combine avec de l'oxygène en dégageant de l'eau à l'état de vapeur et de l'acide carbonique, comme font l'huile qui brûle dans une lampe et le bois qui brûle dans le foyer, seulement avec plus de lenteur. M. Doyère a constaté que l'air contenu dans les tas de grains renferme une proportion d'acide carbonique qui peut s'élever plus haut que dans l'air qui sort du poumon humain lui-même. Il ne doute pas qu'il ne s'échappe par cette voie des quantités considérables de substance. Mais la perte principale est celle qui résulte de l'altération du gluten et autres altérations, qui, bien qu'elles échappent au microscope du savant, nous sont révélées par nos sens : l'odorat, le goût, la délicatesse offensée de nos organes digestifs, etc.

C'est par l'intervention de l'oxygène que se forment les principes nommés *ferments*, que la chimie classe au nombre des agents de décomposition les plus énergiques. Aucune substance ne fermenterait dans le vide, ou même dans un gaz privé d'oxygène.

Deux circonstances favorisent la tendance à la fermentation : l'une est l'humidité, l'autre la température.

Les principes du blé ne réagissent les uns sur les autres, et le ferment ne se forme, que dans certaines conditions d'humidité ; du blé sec n'éprouverait pas plus de fermentation, dans quelque situation qu'on le mît, que du grès ou de la craie ; mais qu'est-ce que du blé sec? Du blé sec n'est pas du blé qui ne contient plus d'eau, et auquel on ne peut plus en enlever ; il n'en existe pas et il n'en peut exister de tel. Le blé n'est et ne peut jamais être sec dans le sens absolu du mot. Le blé est une substance hygrométrique, c'est-à-dire qui tend sans cesse à se mettre en état d'équilibre d'humidité avec l'air dont elle est environnée ; il se dessèche et perd de son poids en perdant de l'eau dans un air plus sec; il reprend de l'eau et du poids dans un air plus humide. Du blé sec, sous le rapport de la conservation, ce sera du blé sec tel que les agriculteurs l'entendent, tel, par exemple, qu'on peut l'obtenir par l'exposition à l'air, suffisamment prolongée, dans un lieu aéré, par un temps sec.

D'après ces premières bases, on voit combien est défectueux le mode de conservation dans les greniers actuels. Le préjugé ordinaire attribue, d'une manière trop absolue, à l'air qu'on introduit par les fenêtres une influence desséchante. L'action desséchante est entièrement relative à l'état hygrométrique de l'air, à la proportion d'humidité qu'il contient. Même au milieu de l'été, l'agriculteur devrait souvent fermer ses greniers pour empêcher l'arrivée de l'air du dehors dans ses grains, avec autant de soin qu'il en met, au contraire, à les ouvrir et à les aérer. Quant à l'échauffement, il n'a pas de principe plus actif que l'oxygène de l'air ; et il est favorisé d'autant mieux lorsque ce principe est admis à s'y renouveler, à mesure qu'il alimente la combustion lente ou fermentation.

« Tout me paraît prouver, dit M. Doyère, que de deux portions d'un même blé humide, dont l'une serait mise en tas, et l'autre enfermée dans un vase et préservée de toute introduction d'air, la première est celle qui, à température égale, éprouverait les altérations les plus promptes et les plus considérables. »

Si nous considérons le rôle de la température, nous voyons que, pour un même degré d'humidité, plus la température de l'air extérieur s'élèvera, et plus la fermentation sera activée à l'intérieur du tas de blé. Or, dans les greniers, le blé reste entièrement exposé à toutes les élévations et variations de température de l'air extérieur.

Nous donnerons donc la préférence au vase enfermé dans la terre, à une profondeur où la température subit le moins de variations, reste presque constamment la même.

Substituons au mot vase le mot *silo*, et nous dirons que le silo type, le silo modèle, qu'on doit se proposer pour la conservation des grains, doit réunir les conditions suivantes :

1° Être souterrain, pour répondre, autant que faire se peut, à la nécessité d'une température invariable et basse ;

2° Être parfaitement étanche, imperméable à la moindre humidité ;

3° S'opposer à toute introduction d'oxygène.

4° Il faut de plus que le grain n'y soit introduit qu'à l'état sec.

L'état sec à exiger, c'est-à-dire le degré d'humidité tolérable dans un blé que l'on se propose d'ensiler, dépendra de la température à laquelle vous prévoyez qu'il sera soumis. M. Doyère regarde comme très-probable qu'un blé qui ne contient que 13 pour 100 d'eau évaporable (celle qui n'est pas combinée chimiquement) n'éprouverait aucune fermentation par une température qui ne dépasserait pas 15 degrés centigrades.

« Prenons, dit-il, ces chiffres pour point de départ,

en attendant ceux que j'espère pouvoir bientôt indiquer comme définitifs. Ce même blé ne fermenterait
pas notablement à 20 degrés ; il fermenterait davantage et de plus en plus vivement à 25°, à 30° et
à 40°. »

En France, pourvu que le silo soit à un ou deux
mètres de profondeur, on peut compter que sa température ne variera, dans le courant de l'année, que de
un ou deux degrés au-dessus, ou au-dessous, de 13
degrés.

En Espagne ou en Algérie, cette température
moyenne serait sensiblement plus élevée.

M. Doyère l'estime approximativement à 18 ou 20
degrés pour l'Algérie : ce serait cinq ou sept degrés
de plus qu'en France.

« Il en faut, ajoute-t-il, tirer cette conclusion que,
pour ensiler en Afrique, il convient d'exiger du grain
un état plus sec que pour ensiler en France. »

Aujourd'hui, pour s'assurer au juste de l'état hygrométrique d'un blé, il faut recourir à une opération de
laboratoire ; le praticien, cultivateur ou commerçant,
n'a pour se guider dans son appréciation que le poids,
l'odeur, la sensation qui se produit au toucher. Notre
expérimentateur a inventé un petit instrument dont
un simple journalier peut se servir : c'est l'hygromètre
de Saussure, placé sous verre et faisant corps avec une
boîte de fer-blanc. La paroi sur laquelle l'hygromètre
est appliqué n'est pas en fer-blanc, mais en une toile
métallique très-fine. L'humidité du blé agit instantanément à travers cette toile sur le cheveu de l'hygromètre, et le petit poids qu'il supporte descend ou monte

8.

selon l'allongement ou le retrait. L'échelle de l'indicateur, graduée avec un soin extrême, et d'après les résultats d'expériences comparés avec ceux de l'analyse, indique la quantité pour 100 d'eau que le blé contient.

La pratique de l'ensilage, qui est aujourd'hui purement empirique, pourra être désormais soumise à des calculs dans lesquels on ne sera pas longtemps sans introduire une précision rigoureuse. Le cultivateur combinera la température connue de son silo avec l'état de sécheresse du blé qu'il lui confie, comme le teinturier combine le degré de chaleur de sa cuve avec la solubilité plus ou moins prompte des ingrédients qu'il y verse.

M. Doyère a constaté que les blés, même paraissant très-humides, même s'échauffant avec une très-grande énergie lorsqu'ils sont mis en tas, même disposés à s'avarier très-gravement si on les renfermait en silo, ne perdent pas plus de 4 à 5 pour 100 lorsqu'on les expose à l'air libre par les temps les plus secs de l'année. Ce serait donc tout ou plus 4 ou 5 pour 100 d'humidité qui feraient la différence entre les blés qui sont impropres au silo et ceux qui sont capables de s'y conserver. Il croit même pouvoir avancer que, dans la plupart des cas, il n'y aurait pas à enlever aux blés suspects plus de la moitié ou des deux tiers de cette proportion d'eau pour les rendre convenables.

C'est à l'humidité du grain lui-même qu'il faut attribuer la formation d'une couche humide et gâtée que l'on trouve lorsqu'on retire le grain du silo, à la partie qui a été en contact avec des parois restées sèches. « Entre les couches centrales du grain, dit M. Doyère,

et la couche qui touche aux parois, il existe une différence de température permanente, dont le principe est
dans un commencement de fermentation qui s'opère.
Jusqu'ici, en effet, dans la pratique de l'ensilage, cette
fermentation n'a jamais été empêchée que très-impar-
faitement. Ainsi, par exemple, une température de 12
à 15 degrés favorise moins la fermentation que ne le
ferait une température plus élevée ; mais elle n'est pas
assez basse pour l'empêcher entièrement. L'air échauffé
au centre de la masse y doit nécessairement être animé
d'un mouvement ascendant ; refroidi dans le voisinage
des parois, il doit y prendre au contraire un mouvement de descente. De là, un échange dans lequel l'air
prend de l'humidité aux couches centrales et échauf-
fées, pour en céder aux couches lointaines, qui sont les
couches froides. Le degré de saturation de celles-ci et
l'épaisseur jusqu'où cette saturation s'étend ne dépen-
dent que du *degré d'humidité* du grain lui-même et de
l'activité de la fermentation. « J'ai vu, dit l'observateur,
se vérifier entièrement cette conjecture sur l'origine de
l'humidité des couches extérieures du grain dans tous
les cas où les parois sont sèches. »

D'après ce qui se passe dans l'atmosphère intérieure
du silo souterrain, jugez de ce qui doit se passer dans
celle du silo en contact avec l'air libre.

Exposée dans les saisons chaudes à prendre des températures élevées, la fermentation, pour un même degré d'humidité, doit s'y développer avec plus d'é-
nergie.

Par la même cause, les variations de tension de l'atmosphère intérieure doivent y être beaucoup plus con-

sidérables. Dans les silos souterrains, sous une température à peu près constante, elles se réduisent aux variations barométriques elles-mêmes, et ne peuvent par conséquent excéder un dix-huitième ou un vingtième de la tension totale pour l'année; dans les silos à l'air libre, elles peuvent atteindre une valeur trois fois plus grande, si les températures extrêmes de l'année diffèrent entre elles de 30 degrés. L'équilibre de saturation entre la couche extérieure du grain et les couches centrales sera rompu à un plus haut degré, et l'inconvénient sera plus grave de l'humidité saturant une plus grande épaisseur de cette couche extérieure.

Et non-seulement les variations extrêmes de température d'une saison à l'autre, mais même les variations qui se produisent dans une même journée, s'y feront sentir à l'intérieur si l'enveloppe n'a qu'une faible épaisseur, et elles seront la cause la plus active d'infiltration de l'air atmosphérique par les courants et les appels qu'elles détermineront, à moins d'une imperméabilité et d'une fermeture vraiment absolues, conditions bien difficiles à remplir dans la pratique lorsqu'il s'agit de grands appareils qui doivent coûter le moins possible.

Pour dessécher encore mieux le grain, et que cette dessiccation se continue à l'intérieur du silo souterrain, M. Doyère propose de placer de la chaux vive au fond du silo. Il a fait à ce sujet plusieurs expériences, entre autres celle-ci à Bourges : « En septembre 1850, j'ai renfermé dans un tonneau en zinc, d'une contenance totale de 3 hectolitres, un hectolitre et demi de blé pesant 109 kilogr. 75 cent., et un demi-hectolitre de chaux vive. Le tonneau fut exactement fermé, et un thermomètre y fut adapté, dont la boule plongeait dans la masse du grain, pour rendre compte des variations de température qui pourraient y survenir. Nous l'avons ouvert en septembre de l'année suivante, et nous avons trouvé le blé réduit en poids à 102 kil. 40 cent. Ainsi, il avait perdu environ 7 pour 100 par l'effet de la chaux; ce poids s'est retrouvé d'ailleurs en surplus dans celui de la chaux. Mais c'est là une dessiccation exagérée, ainsi que nous l'avons dit plus haut. Le grain était dur à la main et terne à l'œil; il craquait sous la dent comme le blé trop desséché par la chaleur. Exposé à l'air, il a repris spontanément 4 et demi pour 100 d'humidité par un très-beau temps, ce qui fixe à 3 pour 100 tout au plus celle qu'il eût été convenable de lui enlever pour l'ensiler avec confiance; en même temps il a recouvré toutes ses qualités extérieures. J'avais d'ailleurs choisi le blé le moins sec que j'aie encore rencontré nulle part. »

L'expérimentateur a calculé depuis que, pour enlever 3 pour 100 d'eau à 10 hectolitres de blé, il ne faudrait pas plus de 1 hectolitre et demi de chaux vive. Lorsqu'on viderait le silo, on trouverait le blé parfaitement sain, ayant conservé toutes ses propriétés de germination et de panification; la chaux n'aurait rien perdu de sa valeur pour les autres usages auxquels elle sert en agriculture.

Le procédé consisterait à faciliter la circulation de l'air du silo dans la masse du grain, en ménageant un libre intervalle de quelques centimètres entre cette masse, le fond et les parois, au moyen d'un plancher en bois et d'une garniture de planches minces; la chaux serait placée au-dessous du plancher.

Dès que du blé est enfermé dans des vases clos, il doit s'y constituer une atmosphère d'azote et d'acide carbonique aussi irrespirable pour les insectes que pour l'homme lui-même. « Si l'on a trouvé, dit M. Doyère, quelques charançons vivants dans les silos, ce n'a pu être et ce n'a été en effet que dans les couches du blé qui communiquaient plus ou moins avec l'atmosphère extérieure. Aussi ne pouvons-nous pas assez nous étonner que des hommes d'un très-grand mérite, des savants même consommés, aient conseillé d'introduire dans les silos une atmosphère asphyxiante, en y faisant pénétrer, au moyen d'appareils compliqués et coûteux, des gaz délétères, parmi lesquels on a mis l'acide carbonique au premier rang. Verser de l'acide carbonique ou de tout autre gaz irrespirable dans les blés ensilés, ce serait (qu'on me passe cette expression presque triviale) porter de l'eau à la mer. La connaissance des phénomènes qui constituent et accompagnent la fermentation eût dû suffire pour qu'une erreur aussi énorme, au point de vue pratique, ne se produisît pas. »

On pourrait donc en France pratiquer un ensilage satisfaisant au moyen du silo.

L'humidité du grain à ensiler peut se constater au juste par l'hygromètre de M. Doyère.

La dessiccation préliminaire peut s'opérer et se régler parfaitement par cette étuve qu'on appelle appareil Soupize, que nous avons décrit quand il s'agissait de tuer les insectes.

La dessiccation peut se continuer à l'intérieur du silo par l'introduction d'une dose de chaux vive.

A supposer que nos ingénieurs n'aient pas retrouvé le secret d'une maçonnerie aussi étanche que celle des anciens Romains, il est probable qu'ils feraient aussi bien que font les Espagnols modernes, les constructeurs et entreteneurs quotidiens des silos de Rota.

Et d'ailleurs, si vous dédaignez l'art du maçon, vous pourrez vous adresser au fabricant de fer, qui vous donnera un silo en tôle de deux millimètres d'épaisseur. Pour contenir cent hectolitres, ce serait un tonneau de deux mètres et demi de diamètre et de deux mètres de hauteur, pesant 450 kilogrammes. Un tel tonneau, que l'on enterrerait après l'avoir enveloppé d'une couche de bitume, ainsi que M. Chameroy le pratique pour son système de tuyaux de conduite en tôle, serait un silo souterrain très-sûr, et même, dans les terrains humides, le plus économique.

Les silos en grès ou en terre vernissée semblent à M. Doyère offrir plus d'avantages encore, et il pense que s'il n'a pas été fait jusqu'à présent en France d'essais de ce genre, cela ne peut s'expliquer que par les craintes très-fondées qu'inspire l'état d'humidité de nos grains.

On façonne pour différents usages, dans nos départements de l'Allier, du Puy-de-Dôme et de la Haute-Vienne, des jarres et des cuviers d'une contenance de dix à douze hectolitres, dont le prix ne va pas au delà de 20 à 30 francs. Cette fabrication pourrait être le point de départ de celle de silos analogues.

Ce silo, qu'on irait acheter chez le marchand de poterie, comme le pot à lard ou le cuvier à lessive, et qu'on placerait dans une cave, si on ne se décidait pas à l'enterrer, serait le silo de la petite propriété.

A l'Exposition de Londres, on voyait de grands vases en terre qui étaient fermés par la simple superposition d'un couvercle de la même matière. Le couvercle et les bords de l'orifice étaient usés à l'émeri par frottement l'un sur l'autre, et ils s'appliquaient si exactement qu'ils pouvaient, comme on dit en physique, tenir le vide. En fermant le vase, après y avoir fait brûler une poignée de papier, et le laissant refroidir, il devenait possible de le soulever et de le transporter par son couvercle. C'est le système imaginé par Maissiat pour la fermeture des bocaux d'anatomie. Ce moyen de fermeture s'appliquerait de la manière la plus heureuse au silo en poterie dont l'ouverture ne pourrait être que large, afin qu'on y pût puiser le grain au fur et à mesure des besoins.

L'ensilage satisfaisant se prêterait non-seulement à de grandes quantités de grains, mais aussi à des quantités minimes.

Il reste à traiter la question d'assainissement et la question économique, et à voir s'il n'existe pas un autre mode de conservation qui non-seulement conserve le grain plus parfaitement, mais encore le purifie, et, en outre, a l'avantage de résoudre ces deux problèmes à meilleur marché.

CHAPITRE VII.

—

Il y a une centaine d'années, un homme d'une grande sagacité et d'un génie très-inventif, Duhamel du Monceau, inspecteur général de la marine, membre de l'Académie des sciences, fervent agronome, qui a traité à fond les grandes questions de la *culture des terres*, des *semis et plantations*, de l'*exploitation des bois*, des *arbres fruitiers*, de la *pêche fluviatile*, etc., s'occupa activement de la conservation des céréales. Il a laissé un volume fort intéressant à ce sujet : *Traité de la conservation des grains, et en particulier du froment.*

Duhamel disait : « Le froment recueilli dans nos contrées contient trop d'humidité pour être conservé en grosses masses ; de là, nécessité de dessécher les grains ; on le peut faire dans des étuves et par le vent. » — Il avait expérimenté l'étuve, il lui restait à essayer du vent.

Il se demanda : « Que fait-on quand on remue le grain à la pelle dans un grenier? On le fait passer dans une masse d'air qui le dessèche et qui emporte une petite atmosphère d'air qui enveloppe chaque grain. Or, ne doit-on pas espérer de produire un effet pareil en introduisant l'air entre les grains? Dans ce cas, comme dans le précédent, le nouvel air doit dissiper l'humidité et chasser l'air infecté, supposé qu'il y en ait. »

Suivons-le pas à pas dans l'exécution de son idée.

« Nous avons fait faire, dit-il, avec des planches de chêne de deux pouces d'épaisseur, un petit grenier ou une grande caisse qui formait un cube d'environ 5 pieds de côté. A 6 pouces du fond ou du plancher de ce petit grenier, nous avons fait placer, sur des lambourdes de 5 pouces d'épaisseur, un second fond de grillage ou de *caillebotis* (l'auteur emploie le mot dont les marins se servent pour désigner le grillage ou le treillis de lattes qui recouvre les écoutilles), sur ce grillage nous avons fait étendre une forte toile de canevas, et le petit grenier a été rempli comble avec de bon froment : il en a tenu un peu plus de 94 pieds cubes, ou environ 63 mines, mesure de Pithiviers, pesant 5,040 livres. S'il était question de construire un grenier solide, je mettrais à la place du canevas un treillis de fil de fer semblable à celui des cribles qui nous servent pour nettoyer le froment ; nous avons employé avec succès de ces fortes toiles de crin dont se servent les brasseurs ; on pourrait aussi se servir de claies d'osier assez serrées pour retenir le grain.

« Le petit grenier étant rempli comble de grain,

on le ferma avec un plancher de bonnes membrures de chêne qui joignaient assez exactement pour que les rats et les souris n'y pussent passer, pas même les moindres insectes ; on ménagea seulement en plusieurs endroits des soupiraux qui fermaient exactement avec de bonnes trappes. »

Il s'agissait de forcer l'air d'entrer par le fond garni du grillage et de la toile du canevas, et de pénétrer dans la masse du grain pour sortir par les soupiraux du plancher supérieur.

Duhamel ne voulait pas employer le soufflet de forge, à cause des cuirs que les rats auraient rongés. Il donna la préférence à un soufflet que l'Anglais Hales venait d'inventer pour renouveler l'air à fond de cale des vaisseaux, dans les salles d'hôpitaux et aussi dans les greniers. C'était une vaste caisse de bois, et à l'intérieur, à égale distance du couvercle et du fond, une cloison mobile jouant sur un axe à l'un de ses bouts. En élevant la cloison, on ouvrait deux soupapes qui aspiraient l'air ; en l'abaissant, deux autres soupapes livraient sortie à l'air refoulé. Hales appelait cela le ventilateur ; c'est le jeu du soufflet ordinaire. Téral venait de perfectionner une admirable invention de Désagulier : le soufflet centrifuge ou à moulinet, comme on disait alors, (qui est notre ventilateur actuel, celui qui fonctionne dans nos tarares). Duhamel avait d'abord songé à s'en servir ; mais la description que Hales lui envoya du sien le séduisit davantage. Il manqua de confiance dans le soufflet à moulinet ; en ceci il avait tort.

« Il faut s'imaginer les soufflets (il commença par

un, bientôt il en mit deux) prenant l'air du dehors et le projetant à travers le fond grillagé du petit grenier. Quand on veut éventer le froment, on ouvre les soupiraux du dessus, on fait agir les soufflets, et le vent traverse si puissamment le froment, qu'il fait sortir de la poussière par les soupiraux, et même élever des grains de froment jusqu'à un pied de hauteur quand on ne laisse en haut qu'une petite ouverture. »

Il avait songé à pouvoir envoyer de l'air chaud afin de sécher le blé dans le cas où il serait trop humide, et à cet effet il avait imaginé « un petit fourneau en briques, chauffé au charbon, à 10 ou 12 pieds d'éloignement des soufflets, leurs tuyaux d'aspiration prenant l'air échauffé par le fourneau ; » mais, par la suite, il abandonna cette idée.

« Chaque coup de soufflet fait passer deux pieds cubes dans le grenier de la paire de soufflets. On peut obtenir environ 420 coups en cinq minutes ; ainsi, en la faisant jouer pendant huit heures, ce qui fait une journée ordinaire, il passe 80,640 pieds cubes d'air dans le grenier.

« J'ai quelquefois enfoncé la boule d'un thermomètre dans le froment de ce petit grenier quand on faisait agir les soufflets ; on voyait, après deux ou trois minutes, la liqueur monter si l'air extérieur était fort chaud, et elle descendait si l'air du dehors était froid, ce qui prouve que l'air se renouvelle bien vite dans ce grenier. »

Duhamel mentionne avec détails plusieurs de ses expériences.

C'est d'abord « une expérience faite sur 94 pieds

cubes de froment d'excellente qualité, bien sec (mais sans avoir passé par l'étuve), qui a été conservé pendant plus de six ans, avec la seule précaution de l'éventer de temps en temps.

« Les trois premiers mois, on l'éventait pendant huit heures une fois tous les quinze jours ; le reste de l'année 1743 et pendant tout 1744, on l'éventait une fois tous les mois. Durant 1745 et une partie de 1746, on ne l'éventait qu'une demi-journée tous les mois, et ensuite on ne l'éventait plus qu'une fois tous les deux ou trois mois.

« Dans le mois de juin 1750, on vida le grenier. Le froment se trouva très-satisfaisant à l'œil et à l'odorat ; mais il était un peu rude à la main, parce que ce grain n'ayant pas été remué depuis six ans qu'il avait été déposé là, les petits poils qui sont à l'extrémité des grains et les particules du son s'étaient hérissés. On le passa deux fois au crible, et il se trouva exempt de tout reproche.

« Il n'y eut point de déchet sensible ; car les 94 pieds cubes qui avaient été mis en 1743 ont été tirés en 1750, à un demi-pied cube près ; ce qui peut être regardé comme une égalité, puisque le mesurage à la mine ne peut indiquer une différence qui n'est que d'un *cent quatre-vingt-huitième*. De plus, il n'y avait dans ce froment ni teignes, ni charançons, quoique les grains conservés à la manière ordinaire eussent été tellement endommagés par ces insectes, surtout pendant les années 1745 et 1746, que presque tout le monde avait été obligé de vider ses greniers, quoique le froment fût à assez bas prix.

9.

« Nous fîmes moudre de ce grain pour en faire du pain et de la pâtisserie qui se trouva très-bonne; mais pour être plus certain de la qualité de ce grain, nous le fîmes vendre au marché, ayant eu la précaution de recommander à celui qui était chargé de cette vente de ne le vendre que par petites parties aux boulangers de la ville, sans leur dire de quelle façon ce froment avait été conservé, pour éviter l'effet des préjugés.

« Ce grain fut vendu le plus cher du marché. Les boulangers qui en avaient acheté la première fois continuèrent à s'en fournir; et quand cette petite provision fut finie, ils avouèrent que ce froment produisait une très-belle fleur, qu'il buvait beaucoup d'eau lorsqu'on le pétrissait, et qu'il fournissait plus de pain que les autres grains du marché. »

Du nouveau froment germé, qui sentait fort mauvais et qui était si humide qu'il mouillait le plancher où il avait seulement reposé quelques jours, fut mis (sans avoir passé par l'étuve) dans le grenier Duhamel.

« On l'éventa trois ou quatre fois dans la première semaine; on l'éventa une fois tous les huit jours pendant les mois de décembre et de janvier : comme alors il était devenu frais, et comme il avait perdu une partie de sa mauvaise odeur, on ne l'éventa plus qu'une fois tous les quinze jours jusqu'au mois de juin.

« Alors, comme on s'aperçut en fourrant la main dans le tas qu'il s'échauffait, on crut qu'il allait se corrompre entièrement, ce qui détermina à vider ce grenier. Mais quand on eut ôté environ un pied d'épaisseur de dessus le tas, nous fûmes agréablement

surpris de trouver le reste frais, sans beaucoup d'o-
deur et plus sec que celui qui avait été conservé dans
les greniers ordinaires; de sorte qu'après un peu de
réflexion nous eûmes regret d'avoir vidé ce grenier,
où vraisemblablement le grain se serait conservé.

« Effectivement, pourquoi le dessus du tas était-il
plus altéré que le reste? C'est certainement parce que
l'humidité qui s'échappait en vapeur s'était portée
vers le haut. Ainsi il est très-vraisemblable que si,
au lieu de vider ce grenier, on eût pris soin de l'é-
venter plus souvent, l'humidité qui s'était rassemblée
à la partie supérieure se serait dissipée entièrement.

« Mais cette expérience nous apprend une chose
qu'il est important de ne pas ignorer, savoir : que
dans ces sortes de greniers c'est le haut du tas qui est
le plus sujet à s'altérer ; de sorte que si le grain qu'on
tire par les soupiraux est en bon état, on doit en conclure avantageusement de tout le reste; et ce n'est pas
un petit avantage que d'avoir sous les yeux et à portée de la main la partie du tas qui a souffert la plus
grande altération. »

Nous reviendrons, dans un autre chapitre, sur cette
observation de Duhamel.

L'expérience renouvelée prouva que du grain très-
humide, et qui avait une grande disposition à fermenter, se conservait à merveille dans ce grenier par la
seule précaution de l'éventer fréquemment.

Comment le système de conservation proposé par
Duhamel n'a-t-il pas fait fortune à cette époque?
Probablement par la difficulté plus grande encore

qu'aujourd'hui de répandre les idées utiles parmi la population rurale.

Et puis Duhamel lui-même n'avait pas compris toute la puissance de son grenier comme agent d'assainissement et de nettoyage de grain; il ne songeait à l'employer que comme agent de conservation contre le retour de l'humidité que l'étuve aurait enlevée préalablement.

Il prescrivait : 1° le nettoyage parfait du grain ;

2° Le séchage dans l'étuve Intieri, dont nous avons parlé dans un des précédents chapitres ;

3° Le dépôt dans le grenier à soufflets.

Une série de trois opérations, c'était bien long pour les cultivateurs de cette époque !

Et puis, un appareil qui leur semblait compliqué : le soufflet volumineux Hales, mis en mouvement par un moulin, mécanisme assez médiocre et encombrant.

Et puis, l'horizon politique qui allait s'assombrissant de jour en jour ! Les seigneurs et les fermiers s'accordaient peu, personne ne songeait à dépenser, pour la moindre amélioration, un argent qui presque toujours manquait, et qu'on n'eût su où emprunter. — Vint la révolution de 89 ; l'admirable idée de Duhamel disparut de la mémoire des hommes, comme bien d'autres idées, pour surgir de nouveau plus tard, alors que le calme serait revenu et la société reconstituée sur d'autres bases.

CHAPITRE VIII.

—

L'Anglais John Sinclair, pour remplacer le pelletage à la main et économiser l'espace que l'on consacre aux greniers ordinaires, imagina, vers la fin du siècle dernier, le *grenier perpendiculaire*.

C'est un bâtiment de forme carrée, qui présente en haut une lucarne avec balcon saillant et poulie pour le montage des sacs, et en bas une porte destinée à retirer les grains.

Dans la partie intermédiaire, on a ménagé dans les murs, à des intervalles convenables, des fentes en lozange (de 11 à 13 centimètres de côté) qui se correspondent exactement pour les deux murs opposés. De chaque fente à celle correspondante règne un conduit ou rigole renversée, formée par deux planches.

Au-dessus du rez-de-chaussée est un plancher formé par plusieurs trémies débouchant dans une plus grande, laquelle se ferme ou s'ouvre à volonté au moyen d'une trappe à coulisses.

Maintenant si, la trappe étant fermée, on emplit le grenier par sa partie supérieure, il restera sous toutes ces rigoles renversées, qui, courant d'une fente à l'autre des murs, traversent cette masse de blé à différentes hauteurs, autant d'espaces vides par lesquels l'air extérieur circulera et la rafraîchira constamment : la masse de blé sera transpercée de courants d'air.

Les fentes en lozange sont pratiquées en pente, dans l'épaisseur du mur de l'intérieur à l'extérieur, de façon à ne pas donner accès à la pluie ou à la neige. — On les garnit de treillis en toile métallique, pour empêcher l'introduction des oiseaux et même des insectes. L'ouverture d'en haut se ferme par un volet.

De plus, si, pour retirer une quantité plus ou moins considérable de grains, on ouvre la trappe de la trémie inférieure, la masse de blé sera mise en mouvement, et d'autres parties que celles qui précédemment jouissaient du contact de l'air, sous les rigoles renversées, arriveront à leur tour à ce contact. C'est là un moyen de remuer le blé sans beaucoup de difficultés ; on aura produit l'effet d'un pelletage : débarrasser le grain de la petite atmosphère infectée qui a pu se former autour de lui, comme disait Duhamel.

Le Français Dartigues proposa de conserver le grain en le plaçant dans une série de trémies superposées les unes aux autres, et par lesquelles toute la masse de blé s'écoulerait successivement, pour être successivement reportée de la trémie d'en bas à la trémie d'en haut. Plus récemment, M. Garnot, inventeur d'un *coffre-magasin*, s'est inspiré de l'idée première du grenier perpendiculaire, auquel il a adjoint un moyen mécanique pour remonter le grain au plancher supérieur, sans recourir à la force humaine et à la naïve poulie.

C'est un long coffre rectangulaire, dont la partie inférieure a la forme d'une pyramide renversée, afin de réunir le grain vers le point de sortie qui est à 60 centimètres au-dessus du sol. La hauteur totale est de 14 mètres; il peut contenir 1000 quintaux métriques de blé.

Le grain qui s'échappe de l'ouverture inférieure tombe dans l'un des augets d'un chapelet, qui l'élève immédiatement, et va le verser dans un crible sur lequel il glisse, pour rentrer dans le coffre et reprendre sa marche descendante.

On a ménagé dans les parois du coffre des ouvertures latérales qui se correspondent, et un système de rigoles renversées absolument comme dans le grenier perpendiculaire, de manière que la masse de grain est, comme dans celui-ci, traversée par des courants d'air.

L'inventeur, se basant sur l'usage généralement adopté en France de pelleter le grain trois ou quatre fois par mois, règle les dimensions de l'orifice inférieur du coffre-magasin et la vitesse ascensionnelle des godets du chapelet, de telle sorte que le grain opère au moins quatre révolutions complètes par mois, reçoit quatre ventilations et quatre criblages. Chaque litre qui s'échappe par l'orifice fait éprouver un déplacement à toute la masse, laquelle est ainsi agitée d'un mouvement lent, mais continuel. (C'est du moins ce que dit l'inventeur ; nous examinerons la chose un peu plus loin.)

Vingt de ces coffres-magasins accotés sur deux rangs peuvent recevoir 20,000 quintaux de blé. Deux manéges aux deux extrémités donneraient le mouvement aux vingt chapelets : la force de quatre chevaux ou au plus de six serait suffisante.

Le célèbre Philippe de Girard avait présenté, à l'Exposition de 1844, un projet de magasin à grains, en déclarant qu'il faisait hommage de son invention au gouvernement.

Ce grenier se compose d'une réunion de silos extérieurs rangés les uns à côté des autres, et formés par des cloisons en bois ou en maçonnerie reposant soit sur des poteaux, soit sur des voûtes.

Chaque silo est terminé à sa partie inférieure par une trémie ou pyramide renversée, construite en tôle ; tous sont fermés et recouverts d'un plancher commun, percé d'ouvertures pour verser le blé. Un orifice pratiqué à la partie inférieure de chaque silo est fermé par une coulisse qui permet ou arrête à volonté la sortie du grain.

Le grain, à sa sortie, est pris par les godets d'un chapelet qui l'élèvent et le déversent sur un crible en toile métallique placé à la partie supérieure du silo ; ce crible laisse glisser le blé sur le sommet du tas.

La ventilation s'opère au moyen d'un courant d'air que l'on force à passer à travers toute la masse du grain renfermé dans le silo. A cet effet, la trémie en tôle est garnie vers le bas d'une série de planchettes inclinées qui, comme des lames de jalousie, se recouvrent mutuellement en laissant entre elles un espace vide pour le passage de l'air. Ces planchettes ne reposent pas immédiatement sur les parois du fond, mais sur les supports qui les soutiennent, à un pouce environ au-dessus de ces parois, de manière à former un entre-fond où l'air peut circuler librement.

« On peut, dit l'inventeur, au moyen de cette disposition, forcer l'air à *traverser la masse du blé*, soit en le *comprimant dans l'entrefond*, et dans ce cas l'air passant entre les planchettes monte à travers la masse de grains et va sortir par la partie supérieure, soit en produisant un vide partiel dans l'entrefond, et dans ce cas l'air extérieur est forcé de *descendre* à travers la masse du grain, en vertu de la pression atmosphérique. » C'est ce *dernier moyen* que préfère l'inventeur.

A cet effet, il place, au-dessous de chaque série longitudinale des silos, un canal qui règne dans toute la longueur du magasin, et qui communique par des tubes avec l'entrefond de chaque silo. A l'extrémité de ce canal, un ventilateur à force centrifuge extrait l'air des tuyaux, et produit par suite, à travers la masse du grain, un courant d'aérage de *haut en bas*.

Philippe de Girard rentrait dans la bonne voie, la voie indiquée par Duhamel. Il s'était emparé de son idée principale, dont il avait compris l'importance :

comprimer de l'air, et le forcer à traverser très-vivement la masse du grain enfermé dans le silo.

Au contraire, un autre inventeur venu tout récemment, M. Huart, a pris à tâche d'éviter cette voie, et son grenier ventile, *à l'air libre*, le blé au sortir de la trémie, mode qui n'a rien de commun avec l'*aérage en vase clos* de Philippe de Girard.

C'est ce qu'a exposé avec une grande lucidité M. le maréchal Vaillant, rapporteur d'une commission nommée par l'Académie des sciences pour examiner ces deux inventions et voir en quoi elles diffèrent.

La trémie du grenier Girard (et ceci s'applique également à celle du coffre-magasin Garnot) a été, de la part du savant rapporteur, l'objet d'une critique fort juste.

« On sait, dit-il, que si l'on pratique une ouverture dans le fond d'un vaisseau quelconque rempli de blé, l'écoulement s'opère suivant un cône très-peu ouvert, dont les sections horizontales sont partout semblables à la figure de l'orifice de sortie. Le sommet du tas, d'abord horizontal, s'infléchit peu à peu, des parois du récipient au centre du cône, suivant un talus de trente degrés environ, et tout autour du cône en mouvement le grain reste immobile ; de sorte que si les grains de blé écoulés sont, par un mécanisme quelconque, repris et jetés de nouveau sur le tas au fur et à mesure qu'ils sont sortis, il arrivera que ces grains seuls recevront un mouvement continu auquel la masse ne participera pas.

« Il est probable que ce phénomène, si différent de ceux que présentent les fluides, doit se produire dans le silo en question, bien que le chapelet de godets occupe l'axe du cône de blé en mouvement, et malgré l'inclinaison des faces de la trémie. Il y a lieu de craindre que les godets, reprenant sans cesse et exclusivement, en bas de leur course, les grains qu'ils ont élevés et rejetés dans le haut du silo, c'est-à-dire sur le sommet du tas, ne donnent le mouvement qu'à une minime portion, toujours la même, de la masse emmagasinée. »

Dans le grenier construit par lui à Cambrai, M. Huart, dont l'attention paraît s'être surtout attachée à obtenir un bon remuage du grain par le système du grenier perpendiculaire, avec chapelet à godets pour la remonte, s'est montré fort ingénieux.

Ce grenier, de la capacité de 10,000 hectolitres, est divisé en dix compartiments ou silos, accolés sur une seule ligne et vidant le grain par dix trémies, dont chacune a son orifice commandé par une trappe spéciale. Vers le fond du silo, le grain cesse de tomber selon la perpendiculaire. Il rencontre une série de diaphragmes qui occupent la longueur du silo, superposés l'un à l'autre, inclinés à 45 degrés.

La masse de grain se trouve dès lors divisée par tranches, et marchera par des diagonales. Les intervalles et les dimensions ont été calculés de manière à livrer simultanément passage, sur toute la longueur de tranche, à une même quantité de grain qui s'écoule avec une vitesse rendue uniforme par l'égalité du frottement. Cette fois la masse entière est animée d'un mouvement qui se répartit sur tous les points et auquel chaque grain prend une part réelle, et non plus simplement présumée et à tort, comme dans les appareils précédents. Cette fois la masse entière, en longueur, largeur et hauteur, contribue régulièrement au débit de l'orifice de sortie, en déterminant un mouvement général de descente qui entraîne le grain par couches horizontales, et non plus suivant un cône très-peu ouvert.

Ce n'est pas tout. Un conduit reçoit le grain à la sortie du silo; dans ce conduit débouchent les dix trémies à la fois, ou un nombre moindre à volonté. Il transmet le grain dans un auget; et, dans cet auget même, le grain va de nouveau être remué. Une vis d'Archimède le prend, qui à chaque pas de la spirale est armée d'une petite palette. Le coup de chacune de ces palettes retourne le grain, absolument comme ferait un coup de pelle. Il est de la sorte conduit dans un petit réservoir, où il est reçu par les godets du chapelet. Ai-je besoin d'ajouter que sur le plancher supérieur du grenier le crible ventilateur l'attend, et l'agite de nouveau avant de le rendre en pluie, par une ouverture étroite, à la masse descendante?

Ainsi qu'il est dit au rapport de M. le maréchal Vaillant : « Le frottement continuel que la tranche en mouvement exerce contre la tranche voisine, contre les parois verticales du compartiment et contre les planches inclinées du fond et des diaphragmes, celui que les diverses colonnes de la même tranche exercent les unes contre les autres en se présentant concurremment aux ouvertures des diaphragmes et à l'orifice de sortie, constituent un véritable brossage, dont l'action rend plus efficaces encore le retournage du grain par la vis et son nettoyage par le crible.

« Le blé s'écoulant par l'orifice de sortie, glissant par petites nappes jusque dans l'auget inférieur, saisi et retourné par la vis, vidé dans un godet du chapelet, transporté par lui au sommet du grenier, rejeté sur le crible et retombant en pluie sur le sommet du tas, est remué de la manière la plus complète, et tous les grains, sans exception, reçoivent à plusieurs reprises la salutaire influence des courants d'air. »

Au grenier perpendiculaire, un homme très-ingénieux, M. Vallery, oppose le grenier cylindrique et mobile, qui, par son mouvement, remue le grain et le soumet à un fort courant d'air.

Le grenier Vallery est un grand cylindre de bois, construit à claire-voie, tournant horizontalement sur son axe; le grain qu'on lui confie ne doit pas le remplir en entier. Un ventilateur à force centrifuge est placé à l'une de ses extrémités; ce ventilateur, en aspirant l'air qui est contenu avec le grain dans le cylindre, force l'air extérieur à traverser le grain pour venir opérer le remplacement et s'opposer à une dépression intérieure. L'action du ventilateur est combinée avec la rotation du cylindre; le mouvement successif de tout le grain contenu dans le cylindre facilite un complet aérage.

L'inventeur a très-bien senti qu'en plaçant, comme il le fait, du grain dans un cylindre sans le remplir complétement, il aurait besoin, pour opérer la rotation, de lutter constamment contre le déplacement du centre de gravité de toute la masse. Aussi, pour réduire considérablement la force nécessaire à cette espèce de pelletage mécanique, a-t-il très-ingénieusement disposé son grain dans une série de compartiments symétriquement groupés autour d'un tube creux qui demeure vide, et forme le centre de tout le système. Ce tube central sert à l'écoulement de l'air aspiré par le ventilateur. Par cette disposition, les cases se faisant équilibre les unes aux autres, il n'a plus à vaincre que des déplacements de centre de gravité partiels; il réduit ainsi l'effort nécessaire au mouvement de rotation dans un rapport de 13 à 47. Cette disposition présente en outre l'avantage de multiplier les surfaces des couches de grain, pour les offrir à la ventilation.

L'enveloppe extérieure du cylindre est formée de douves de bois, fortement réunies par des cercles à vis de rappel. De nombreuses ouvertures, pratiquées symétriquement dans toutes les douves, sont garnies de toile métallique; elles donnent entrée à l'air, et fournissent aux insectes, troublés dans leurs habitudes, des issues pour fuir. Les supports de tout le système sont convenablement isolés, pour opposer à la rentrée des insectes un obstacle insurmontable. Aux mêmes supports est fixé un toit léger, garni à son pourtour d'une gouttière remplie d'eau que recouvre une couche d'huile; ce toit a pour objet de prévenir l'introduction des insectes que leur instinct conduirait à se laisser tomber du plafond sur l'appareil, alors qu'il est en repos.

Tout l'ensemble, représentant une capacité cylindrique qui tourne autour d'un axe, est divisé par des plans, suivant l'axe, en huit compartiments; ces huit cases principales peuvent se subdiviser en un grand nombre de petites cases closes, ventilées à volonté, très-faciles à emplir comme à vider, parce qu'elles viennent toutes se présenter successivement à l'opérateur.

Voilà, sans nul doute, deux bonnes solutions (le grenier Huart et le grenier Vallery) du problème du pelletage mécanique, qui valent mieux que le coffre-magasin Garnot, qui l'emportent en un point, le mouvement régularisé dans toute la masse, sur le grenier Philippe de Girard ; mais, dans ce dernier, la question véritable, celle de l'aérage, est entrevue et abordée plus habilement.

CHAPITRE IX.

Il y a quelque cinq ou six ans, en Algérie, un propriétaire français, M. Salaville, fut mis au défi, par un
de ses voisins, de trouver un moyen efficace de détruire les charançons, qui infestaient les blés plus encore qu'à l'ordinaire.

M. Salaville songea tout d'abord à introduire un
gaz non respirable dans la masse du blé. Quel appareil employer? Justement il avait sous la main, dans
son habitation rurale, de ces boîtes en fer-blanc qui
servent à l'égouttement des fromages : les deux fonds
sont percés de petits trous qui laissent écouler la partie
humide du lait caillé.

Il prit une de ces boîtes, y enferma du blé infesté

par les charançons, et introduisit par le fond de dessous un gaz non respirable. Le gaz traversa la masse de blé dans toute son épaisseur, et les charançons furent, à la première introduction, paralysés ; ils moururent à la seconde. Nous verrons bientôt quel était ce gaz.

La facilité avec laquelle le gaz avait traversé la masse de blé, pour ressortir par en haut, frappa l'expérimentateur. Il se dit qu'un courant d'air ventilé pourrait trouver le même chemin, et produirait un puissant effet pour l'asséchement d'un blé humide. Ce fut un trait de lumière. M. Salaville n'avait pas la moindre connaissance des expériences de Duhamel du Monceau, dont les livres dorment dans la poussière des bibliothèques depuis une centaine d'années, expériences dont personne, pas même Philippe de Girard, n'avait songé à dégager l'idée la plus importante.

M. Salaville construisit un minime grenier perpendiculaire, une caisse de moins d'un mètre de hauteur, ménageant au-dessous une chambre à air ; — le grenier séparé de la chambre à air par un plancher percé de petits trous. — Il emplit le grenier de grain, adapta un ventilateur à la chambre à air, et vit avec joie que l'air refoulé traversait vivement la masse de grain.

S'il eût connu le plancher de Duhamel (que j'ai décrit plus haut), peut-être il se fût contenté de l'adopter. Son esprit inventif, livré à lui-même, imagina quelque chose de bien préférable. Après plusieurs essais, voici à quoi il s'arrêta :

Il perce le plancher de son grenier d'un certain

nombre de grands trous circulaires; ces grands trous sont disposés en un ourlet sur les quatre bords du plancher, à peu de distance des parois verticales du grenier.

Dans le sens de la longueur du plancher, un trou a vis-à-vis de lui un autre trou qui lui correspond.

Il en est de même dans le sens de la largeur.

Des tubes en tôle, de la grosseur des trous et coudés à leurs deux bouts, s'agencent par ces deux bouts dans deux trous correspondants.

On a ainsi une rangée de gros tubes qui courent dans le sens de la longueur;

Et en travers, courant au-dessus d'eux, une rangée d'autres gros tubes dans le sens de la largeur.

La disposition inverse peut s'adapter aussi bien. Il va sans dire qu'on donne plus de hauteur aux coudes du tube que l'on destine à fonctionner dans la rangée supérieure.

Les tubes ne sont pas ouverts à leurs deux bouts; il y a un bout fermé hermétiquement.

On adapte les tubes aux trous du plancher qui se correspondent, en ayant soin que si l'on regarde par le dessous du plancher, et non plus par le dessus, l'ourlet formé par les trous présente alternativement un trou ouvert et un trou bouché.

L'air de la chambre à air passe à travers le plancher par les trous ouverts, et chaque tube en reçoit sa part.

Chaque tube est percé, sur toute sa surface, de trous assez fins pour que le menu grain lui-même n'y puisse s'engager.

Maintenant, placez à côté de la chambre à air un

nombre quelconque de ventilateurs qui y introduisent
l'air en surabondance ; cet air s'engouffre avec violence
dans chaque tube, qui le reçoit par une large ouverture, et ne lui livre sortie que par des trous presque
aussi fins que ceux d'un arrosoir.

M. Salaville a donné à cet appareil le nom de *plancher ventilateur*.

Ce système de tubes qui débitent d'innombrables
veines fluides (c'est son expression) est ce qui distingue
éminemment son invention de celle de Duhamel et la
met beaucoup au-dessus. — Il n'existe rien qui ait
de l'analogie avec cela dans le grenier de Philippe de
Girard.

Le système de ventilation lui appartient aussi en
propre. Au lieu d'un grand ventilateur unique, il
adapte sur un même arbre une série de petits ventilateurs (les soufflets à moulinet que dédaigna Duhamel);
chacun a sa prise d'air et son débouché dans la chambre
à air, de sorte que l'effet de chacun peut être suspendu
à volonté ; il suffit de fermer son porte-vent. Il lui est
très-facile d'imprimer à cette série de petits agents la
vitesse de douze cents tours à la minute ; il aurait plus
de peine à obtenir une telle vitesse et un aussi bon
service avec un seul moulinet de très-grande dimension, agissant sur une unique tranche d'air égale à la
somme des tranches qu'attaquent à la fois les six, ou
huit, ou dix moulinets modestes.

Pour donner le mouvement à l'ensemble des ventilateurs d'un grenier qui contient mille quintaux de
grain, il suffit d'un homme tournant une manivelle.

Un grenier d'une capacité de 150 hectolitres se ven-

tile à l'aide d'un moteur on ne peut plus commode. On
adapte à l'arbre qui commande la série des moulinets
le même mécanisme qui s'adapte au tourne-broche. La
descente d'un poids suspendu suffit pour le faire marcher pendant vingt-quatre heures, sans qu'on s'en occupe davantage.

Les proportions des ventilateurs et celles des tubes
distributeurs de veines fluides varient, pour se trouver
en rapport avec la dimension du grenier, c'est-à-dire
avec la hauteur de la masse de grains que les jets
aérateurs doivent pénétrer.

Pour se rendre bien compte de l'effet que peut produire un tel appareil, il faut considérer qu'une masse
de blé n'est pas compacte, qu'il s'en faut de beaucoup.
Dans une telle masse, même la mieux tassée, l'air occupe encore des espaces dont la somme est considérable. Le même tas de blé, versé dans l'hectolitre par des
mains plus ou moins habiles, donnera au mesurage des
différences assez notables. Hales a calculé que l'air y
entre pour un septième du volume dans les circonstances les plus ordinaires.

Chaque grain de la masse enfermée dans le grenier
dont le plancher, percé de trous, repose au-dessus d'une
chambre à air, baigne dans une couche d'air, en communication libre par en haut et par en bas, avec l'air
atmosphérique. Augmentez la pression de l'air atmosphérique par en bas, ou bien diminuez cette pression
par en haut en produisant le vide quelque peu, soit
par une tarare qui soutire l'air pour le rejeter au dehors, soit par une cheminée d'appel et un courant
d'air chaud (M. Salaville s'est réservé dans son brevet

l'emploi des moyens de ce genre, bien que ses ventilateurs appliqués en bas suffisent et au delà pour le résultat parfait), augmentez, disons-nous, la pression
par en bas, ou diminuez-la par en haut, ou bien encore
exécutez la manœuvre inverse, et chaque petite couche
de l'air intérieur qui enveloppe chaque grain sera mise
en mouvement; la circulation s'établira de bas en
haut ou de haut en bas, à votre volonté, autour de
chaque grain, qui baignera dans un air incessamment
renouvelé.

Dans ce vif courant d'air, l'évaporation de toute
humidité, l'asséchement parfait du grain vous est garanti lorsque vous ventilerez par un temps sec. Plus
d'échauffement, plus de commencement de fermentation à craindre; vous rafraîchissez dès qu'il en peut
être besoin.

Mais en outre, dans ce vif courant d'air, chaque
grain est soulevé, agité; qu'on me pardonne l'expression, il se trémousse et se frotte contre ses voisins.
C'est là un pelletage, un brossage, et le plus convenable
de tous, car il s'exerce non par brusques saccades,
comme dans le pelletage soit à la main, soit mécanique,
ou par un mode violent et capricieux, comme dans le
cylindre à brosses; mais l'action est douce, vive, continue, se répartit également sur toute la surface.

Ce mode de nettoyage, le plus simple et en même
temps le plus parfait que je connaisse, a de l'analogie
avec le mode de polissage des aiguilles, que l'on enferme dans un cylindre tournant, et dont la rouille se
dégage par le frottement qu'elles exercent les unes sur
les autres.

11

A mesure que les ventilateurs agissent en bas, vous voyez de la couche supérieure s'exhaler une vapeur épaisse, dont l'odeur est infecte. C'est le courant d'air, devenu s'il le faut véritable tempête, qui a traversé la masse en circulant dans ses innombrables canaux, et qui s'est chargé des détritus pulvérulents, des spores cryptogamiques, des mille souillures attachées à la coque des grains.

Si pour nettoyer un blé sain l'action du plancher ventilateur l'emporte sur tout pelletage et tout brossage, ce système a de plus l'avantage d'offrir, ce qui manquait jusqu'ici, une facilité extrême pour traiter le blé malade. Quelque parfait que soit le mode de remuer un malade, on ne le guérit pas rien que par l'exercice ; il faut dans certains cas un traitement médical, un spécifique. Sur un blé avarié par la moisissure, l'emploi d'un gaz sera plus efficace que mille coups de pelle ou de brosse.

Contre la moisissure du grain, c'est-à-dire contre les cryptogames dont le développement est très-prononcé, Mathieu de Dombasle essaya d'employer le gaz acide hypo-sulfureux. Ce spécifique réussit (on en a depuis longtemps l'expérience acquise) contre les cryptogames qui attaquent plusieurs de nos plantes ; mais l'introduire sur place et le faire circuler dans toutes les parties de nos greniers de ferme, et à plus forte raison dans celui du grenier perpendiculaire, serait d'une exécution à peu près impossible. On préférerait recourir au cylindre dans lequel on ferait passer le grain, procédé lent, coûteux, et qui même ne serait pas très-praticable ailleurs que dans un laboratoire. Avec le plancher ventilateur, c'est une chose fort simple.

Dans la chambre à air, dont les porte-vent sont fermés, vous faites arriver de l'acide sulfureux ; après quoi les ventilateurs, entrant en jeu, chassent ce gaz à travers toute l'épaisseur et dans toutes les parties de la masse du blé.

Au bout de quelques instants, vous pouvez vous assurer par vos narines et vos bronches attaquées, ou, si vous êtes incrédule, par tout moyen que la science indique, que c'est bien de l'acide sulfureux qui se dégage à la couche supérieure et sur tous les points de la surface de cette couche.

Quand vous avez administré au malade la dose convenable du spécifique, il reste à le délivrer d'une odeur désagréable.

Vous mettez tout bonnement au régime ordinaire la ventilation d'air atmosphérique.

Jusqu'ici nous avons manqué d'hôpitaux pour le blé fortement avarié par la carie ; on n'a guère cité que l'établissement de M. Maupeou et celui de M. Bouchotte, qui traitent par le lavage alcalin et le séchage à l'étuve ; désormais chaque fermier pourra traiter la partie malade de sa récolte par l'acide sulfureux, comme le jardinier traite les feuilles malades de ses précieuses plantes, et même plus facilement. Voilà contre les parasites du règne végétal.

Contre l'odieux charançon le plancher ventilateur se prête à l'emploi d'un remède préférable de même au pelletage et à la brosse ; ceux-ci l'expulsent pour un temps : le gaz hydrogène fera mieux, il le tuera.

Je n'oserais affirmer que M. Salaville soit le premier médecin des blés qui ait songé à ce spécifique, mais à coup sûr personne avant lui n'avait indiqué un mode de l'employer qui fût praticable dans une ferme.

Dans la chambre à air, les porte-vent étant fermés, vous introduisez du gaz hydrogène.

Ce gaz se fabrique sur place, comme on fait pour les ballons que l'on veut gonfler. Vous mettez dans un vase de l'eau et quelques vieux débris de ferraille ou de zinc, et vous versez de l'acide sulfurique. L'eau est décomposée : son oxygène transforme le métal en un protoxyde de ce métal qui s'unit à l'acide sulfurique employé, et son hydrogène, devenu libre, se dégage ; à la fin de l'opération il vous reste un produit, sulfate de fer ou sulfate de zinc, que vous pourrez vendre.

Le gaz hydrogène est plus léger que l'air. A mesure que vous le fournirez, il montera de lui-même à travers la masse du grain.

Après quelques instants, vous verrez apparaître à la surface de la couche supérieure tous les insectes que la masse recélait : ils viennent chercher l'air respirable. A cette première fois, vous pourrez remarquer qu'ils sont dans un état désastreux, et comme paralysés. — Vous recommencez une seconde fois l'opération, et alors vous les voyez expirer ; pas un n'en réchappe. Un plus savant que moi dira si le gaz a agi sur eux comme poison, ou s'ils ont été simplement asphyxiés.

J'en fais mon compliment à M. Salaville. La question étant posée, Tuer le charançon, je dirai, en style de physicien et de chimiste, que c'est là une solution vraiment élégante. Au surplus, il en a été bien récompensé, puisque cette expérience l'a conduit, comme je l'ai dit plus haut, à une invention dont les résultats dans l'avenir sont incalculables, celle du grenier à plancher ventilateur.

La ventilation exercée de bas en haut a plusieurs avantages ; elle se prête à merveille au traitement des grains malades.

Elle aide au mouvement de l'humidité qui s'exhale en vapeur, mouvement qui de sa nature est ascensionnel.

Comme c'est la couche supérieure que la vapeur est la dernière à abandonner, il en résulte qu'en plongeant la main dans le grain qui est à la surface du grenier, on est renseigné au juste sur le bon état de toute la masse.

Si après la ventilation cette partie du grain est asséchée, on peut conclure avec certitude que celui de tout le grenier l'est encore mieux.

Si on la trouve nettoyée, si la vapeur qui s'échappe ne forme plus le nuage épais chargé de corpuscules, et si l'on ne sent plus d'odeur mauvaise, on peut conclure avec certitude que tout le reste du grain est nettoyé mieux qu'on n'a fait jusqu'ici par aucun autre procédé.

Le grain couvert de souillures et humide que vous versez par en haut, la trappe d'en bas vous le rend sec et propre ; portez-le au marché, tous les acheteurs lui donneront la préférence. Ce grenier agit sur le grain comme agit sur l'eau la fontaine filtrante, qui assainit et clarifie le liquide impur que vous lui confiez.

A mesure que vos besoins l'exigent, vous puisez en bas, à la trappe, et vous remplacez par en haut la quantité de grain puisée : vous avez là un grenier *filtrant* qui débite à votre gré par un robinet.

Voilà tous les avantages que Philippe de Girard semble n'avoir pas même entrevus, lui qui attachait tant de prix et qui même nous déclarait donner la préférence à la ventilation exercée de *haut en bas*.

Au lieu de transporter et de mettre en circulation la masse du grain au milieu de l'air en repos, comme se le sont proposé les autres inventeurs, ce qui exige une main-d'œuvre exorbitante, ou une force mécanique considérable, M. Salaville, comme Duhamel, dont il ignorait les travaux, a eu l'excellente pensée de laisser, au contraire, cette masse en repos, et de mettre l'air lui-même en circulation accélérée, lui confiant la mission d'agiter chacun des grains à part et sur place, résultat qui s'obtient avec une force dont les frais sont, on peut le dire, insignifiants. Il a eu le bonheur de naître à une époque où la chimie a mis à sa disposition des gaz dont Duhamel ne connaissait pas l'existence, et il en a tiré un excellent parti.

Un grenier formé de quelques planches de sapin assemblées autour de quatre montants, le tout consolidé par des armatures de fer ; quelques tuyaux de tôle (comme les tuyaux de poêle), pour le plancher ventilateur ; trois, quatre ou cinq paires de petits moulinets avec leur porte-vent ; un arbre de couche et un mécanisme qui est celui du tourne-broche. — En somme, cela ne doit pas coûter bien cher.

Avec cet appareil, nullement compliqué, peu sujet à se détériorer, et de la pratique la plus facile, il n'est pas de fermier qui ne soit en état de nettoyer, d'assainir, de rafraîchir et de conserver son grain.

L'appareil tient peu de place : 2 à 3 mètres en

longueur et largeur, sur une hauteur de 4 ou 5; il n'offre point d'accès aux animaux rongeurs. Un cadenas à la trappe, un cadenas à l'ouverture d'en haut, le fermeront contre les mains de serviteurs infidèles.

Du blé qui aura séjourné sur le plancher ventilateur ne laissera donc rien à désirer pour la propreté de sa coque et son air de bonne santé; si vous êtes plus délicat que le vulgaire des consommateurs, et que vous vouliez obtenir une farine exempte même des souillures que ceux des grains qui ont été creusés et habités par les larves conservent dans leur intérieur, vous avez sous la main la machine inventée par M. Doyère, le *tue-teigne*, dont j'ai parlé à propos de l'alucite.

La conservation par le plancher ventilateur repose sur un autre principe que celle par le silo souterrain à température invariable.

Reportons-nous au chapitre où il est traité de la théorie de l'ensilage. Supposons le silo parfait, et la température en rapport avec la sécheresse du grain : une fois que l'oxygène de l'air enfermé avec le grain s'est consommé pour la formation de l'acide carbonique, chaque grain baigne désormais dans ce dernier gaz, qui est irrespirable pour tout animal et ne se prête au développement d'aucun germe. Tout animal éclos cesse de vivre; toute vie latente d'un germe est suspendue; car, faute d'oxygène, le peu de fermentation qui a pu commencer pour un instant très-court s'est accomplie, et il n'y en a plus de possible.

Sur le plancher ventilateur, au contraire, nous fournissons en abondance tout ce qui est nécessaire à la fermentation : l'*oxygène* de l'air atmosphérique; l'*hu-*

midité, sous la forme de vapeur d'eau dans cet air ; et, dans ce même air, la *chaleur*, qui, parfois, est très-forte. Cependant la fermentation ne s'établira pas dans les spores cryptogamiques, et ne viendra pas provoquer celle du germe dans le grain. Pourquoi?

Parce qu'il n'est pas un grain de la masse qui ne baigne dans une enveloppe d'air qui se renouvelle incessamment et, quand le cas l'exige, avec une vivacité extrême, et que, dans son enveloppe, la combinaison des trois principes, oxygène, humidité, chaleur, n'est jamais, pour un temps suffisant, réalisée dans les conditions qui conviendraient à la fermentation.

L'oxygène ne fait jamais défaut, mais il ne peut rien à lui seul, et vous êtes maître d'entraver le concours harmonique des deux autres principes indispensables, l'humidité et la chaleur. Activez, par un temps sec, les mille courants d'air dans la masse, et, à votre volonté, vous produisez, sur la coque de chaque grain, le même effet que le vent produit sur la peau humaine : une évaporation rapide. Chaque grain abandonnera l'humidité qu'il avait pu prendre à l'air en repos, et que vous aurez jugé dangereuse, et même, si vous l'exigez, toute celle qui n'est pas combinée chimiquement avec ses principes essentiels. — Sous l'évaporation la température s'abaisse. — Voilà, aussi souvent que vous le désirerez, votre grain asséché et rafraîchi. — Qu'avez-vous encore à craindre de l'oxygène?

Dans le silo tous les germes quelconques entrent en repos, et oublient de vivre ; sur le plancher ventilateur la velléité peut leur en prendre, mais l'occasion leur manque de pouvoir même l'essayer.

A la fin de notre livre, nous consacrerons un chapitre à la question économique, et à démontrer comment, dans tel pays ou telle circonstance, peut convenir le silo, et dans tels autres le grenier Salaville.

CHAPITRE X.

Nous venons de passer en revue les procédés par
lesquels on peut réussir à combattre les trois fléaux :
moisissure des grains, insectes déprédateurs, fermentation. Il nous reste à parler du quatrième fléau, l'insuffisance des récoltes.

Un fort bon livre sur le *Commerce des grains*, d'un
Allemand, M. Roscher, professeur à l'université de
Leipsig, va nous servir de guide. Ce livre a été traduit en français et enrichi de notes précieuses par
M. Maurice Block, un statisticien distingué à qui l'on
doit un autre livre que tout agronome devrait connaître : *les Charges de l'agriculture dans les divers pays
de l'Europe.*

« Parmi les causes qui font manquer les récoltes, dit

M. Roscher, il convient d'en distinguer trois principales :

« L'excès de sécheresse surtout au moment des semailles et pendant la croissance ;

« L'excès d'humidité surtout pendant les labours, la
floraison et la moisson ;

« Enfin un hiver excessivement rigoureux, trop précoce ou trop tardif, qui empêche les travaux de culture,
ou qui agit simplement sur un sol privé de la protection
de la neige. — Cette dernière cause est certainement la
plus dangereuse, parce qu'elle exerce une action plus
générale que les deux autres. »

Dans un grand pays il y a en effet toujours des localités ou certaines cultures auxquelles une grande
sécheresse ou une grande humidité font du bien; un
froid excessif au contraire nuit à toutes.

La sécheresse a particulièrement pour effet de diminuer la *quantité* des produits, dont la *qualité* peut
être excellente si la chaleur n'a pas manqué. Le blé
est lourd, ses pellicules sont minces; de sorte que la
même mesure donne souvent de 10 à 15 pour 100 de
farine dé plus que dans les années pluvieuses. (De
même le froment a des grains plus gras et plus farineux dans les pays chauds que dans les pays froids.
En Andalousie on ne compte qu'une perte de 5 pour 100
à la mouture; dans les provinces baltiques, on l'éva-
lue à 15 pour 100. Il en résulte que le blé d'Andalousie vaut parfois à Séville le double du prix qui se
paye à Cadix pour le blé de Dantzick). La récolte et
l'engrangement du foin et des grains dans une année sèche se font de bonne heure et sans difficulté; on
peut battre immédiatement, et garnir le marché.

Si la récolte est mauvaise par excès d'humidité, on remarque les faits contraires. — On aura peut-être une *quantité* considérable, mais la *qualité* laissera à désirer. Les grains seront légers, peu farineux ; et si la moisson s'est faite par un temps pluvieux, ils auront germé. — Les produits d'une telle année ne tardent pas à se gâter, et souvent même au point de devenir insalubres.

Il suit de là que dans une année de grande sécheresse les prix s'élèvent aussitôt après la moisson, parce qu'on est à même de reconnaître tout d'abord l'importance du déficit.

Dans l'année trop humide, au contraire, le déficit provenant de la mauvaise qualité des grains n'est pas apprécié tout d'abord par les masses. Les prix se décident moins vite à monter que dans l'année trop sèche, mais plus tard l'élévation est plus forte.

Dans les années de sécheresse, les prix oscilleront moins capricieusement que dans les années humides ; souvent même ils conserveront une certaine fixité jusqu'à la récolte suivante, quoique celle-ci se présente très-bien. Les grains d'année sèche se conservant facilement, le détenteur n'est pas pressé de vendre.

Il a hâte, au contraire, de se défaire d'une récolte qui a souffert de l'humidité, dans la crainte qu'elle ne se gâte ; cette même crainte aussi agit sur le commerçant, et contrarie son désir d'acheter. Les prix ne monteront donc pas tout d'abord, mais seulement plus tard, alors que le déficit de la récolte sera manifestement constaté pour les masses, et les besoins devenus exigeants.

L'année de sécheresse a donc cela de moins fâcheux que l'année humide, que si la hausse doit advenir dans les prix elle se déclarera de bonne heure, et invitera en temps utile la population à introduire de l'économie dans la consommation des grains.

L'opinion de M. Roscher est que le vaste territoire qui comprend l'Allemagne, la Grande-Bretagne, la France, les Pays-Bas, le Danemark, la Prusse, la Pologne et les provinces russes de la Baltique, est généralement soumis aux mêmes intempéries et aux mêmes variations de récoltes. Il ajoute cependant que lorsque la mauvaise récolte est produite par un excès de pluie, la partie orientale de ce vaste territoire peut ne pas en avoir souffert autant, comme on l'a vu en 1816.

La Russie centrale et méridionale, et l'Amérique du nord, forment chacune un monde à part sous le rapport des saisons ; elles peuvent donc souvent, comme l'ont prouvé les années 1771, 1817 et 1847, venir efficacement au secours de l'Europe occidentale. Mais qu'on n'y compte pas trop. Dans les premières années de la révolution française (de 1789), par exemple, une série de mauvaises récoltes, en Europe, coïncida avec les terribles dégâts causés aux grains d'Amérique par un insecte connu alors sous le nom de la *mouche hessoise*.

M. Moreau de Jonnès est l'écrivain qui fait autorité en France pour la *statistique de l'agriculture* ; c'est à son livre que chacun va puiser les documents officiels.

Nous y voyons que la culture des céréales occupe chez nous 13,900,262 hectares ; c'est plus d'un quart de tout le territoire.

Le plus ordinairement, sur cet espace *quarante* pour

cent sont consacrés à la culture du froment et de l'épeautre, — *six* à celle du méteil, — *dix-neuf* au seigle, — *neuf* à l'orge, *vingt-deux* à l'avoine, — *quatre* au maïs.

En année d'abondance moyenne, la production est de :

Froment et épeautre..	69,694,189 hect.	39 p. 100.
Méteil	11,829,448	6
Seigle...............	27,811,700	15
Orge	16,661,462	9
Avoine.............,	48,899,785	27
Maïs................	7,620,264	4
Total..........	182,516,848	100

Ce total représente à bas prix, année moyenne, une valeur de 2,055,467,000 francs. C'est un produit brut de 141 francs par hectare.

Sur cette production il faut, avant tout, réserver pour les semailles qui donneront la récolte suivante :

Froment et épeautre.....	11,457,552 hectol.
Méteil	1,952,427
Seigle	5,459,422
Orge ....,	2,575,645
Avoine...............	7,045,508
Maïs	242,792
Total............	28,565,296

La quantité de semence par hectare varie singulièrement selon le sol, le climat, et surtout les habitudes agricoles. Elle est considérable dans les départements du nord, et y dépasse de beaucoup deux hectolitres ; il en est ainsi dans le midi oriental ; mais dans le midi occidental elle est beaucoup réduite.

Voici comment elle est répartie entre les deux moitiés du royaume :

FRANCE ORIENTALE.		FRANCE OCCIDENTALE.	
	hect.		hect.
Froment.....	2,14	Froment.....	1,98
Méteil.......	2,14	Méteil	2,11
Seigle.......	2,08	Seigle	1,89
Orge........	2,24	Orge	1,77
Avoine......	2,39	Avoine.......	2,28

La quantité totale de la production de chaque sorte de céréale, divisée par la quantité annuelle de la semence, donne seulement, pour terme commun et général de la reproduction des grains dans toute la France :

Pour le froment....	6,1	pour un de semence.
Méteil.............	6,1	—
Seigle.............	5,4	—
Orge..............	6,5	—
Avoine............	7,0	—
Maïs..............	31,5	—

Beaucoup d'écrivains contredisent ce résultat, assez triste pour notre orgueil national, de 12 hectolitres et demi par hectare pour le rendement moyen du blé en France ; ils prétendent qu'il s'élève à 14 hectolitres. Il est bien désirable que l'erreur soit de leur côté ; mais l'homme du ministère est habitué à donner des chiffres officiels.

Pour donner les prix moyens de chaque céréale, M. Moreau de Jonnès s'est appliqué à chercher les prix primitifs, ceux du lieu de production, et pour ainsi dire de première main : « Ces prix ont été relevés, pendant une année d'abondance moyenne, dans chacune des 37,000 communes de l'empire, et ils ont été appliqués chacun aux seuls produits de chacune d'elles. Par conséquent, ce sont des prix ruraux, des prix des lieux de fabrique. Toutes les valeurs trouvées ainsi dans un arrondissement ont été mises, par espèce, en regard des quantités des denrées, et de leurs deux totaux divisés l'un par l'autre on a tiré les prix moyens de cette partie du territoire. Les prix de département et ceux pour toute la France ont été formés de la même manière. En sorte que les prix des communes sont des faits positifs, acquis et constatés officiellement, et que tous les autres qui en sont déduits sont exactement en rapport avec les quantités de chaque produit dont ils expriment la valeur. »

Voici établis, pour cette longue suite d'opérations, les prix moyens pour tout le royaume en 1840 :

Froment...	15 fr. 95 c. l'hect.	Vins..........	11 fr. 40 c.
Méteil.....	12 20	Eau-de-vie....	54 25
Seigle.....	10 65	Pomm. de terre.	2 10
Orge......	8 25	Sarrasin......	7 25
Avoine....	6 20	Légumes secs..	15 05
Maïs......	9 40	Colza.........	22 45

Ces prix varient considérablement selon les régions.

L'on peut voir au même moment (prenons par exemple l'année 1853) des différences presque incroyables sur les divers marchés français. Pendant que le blé était à 31 fr. à Marseille, à 32 fr. à Paris, à 34 fr. à Strasbourg, il était à 21 fr. à Bressuire, à Fontenay et dans tout l'Ouest. Entre ces deux extrêmes s'échelonne le reste de la France; des localités très-proches les unes des autres présentent souvent des différences de 5 à 6 fr. par hectolitre. Quelque grandes qu'elles soient, ces inégalités ne représentent encore qu'imparfaitement le véritable état des choses. Suivant que le producteur est plus ou moins près d'un marché, plus ou moins en rapport avec ce marché par une bonne route, le prix du marché s'éloigne ou se rapproche du prix véritable du blé dans le grenier. Dans cette année même de prix si élevés, il y avait en France des producteurs, parmi les plus éloignés des débouchés, qui s'estimaient heureux de vendre leur blé 15 à 16 fr. l'hectolitre, pris chez eux, c'est-à-dire 100 pour 100 au-dessous de ce qu'il se vendait sur d'autres points.

Dans un remarquable mémoire sur la question des subsistances, lu à la séance générale des cinq Académies en 1847, M. de Gasparin établit dans quelles proportions relatives les diverses denrées entrent dans l'approvisionnement de la France, en circonstances ordinaires, alors qu'il n'y a pas souffrance généralement manifestée.

Les céréales, en y ajoutant le sarrasin (qui se cultive dans certains de nos départements), représentent *soixante-quatre* pour cent (4 environ pour le sarrasin). — Les pommes de terre, *huit* pour cent. — Les légumes secs, *quatre* pour cent. — Les châtaignes, *sept dixièmes* pour cent. — La nourriture animale de toute espèce, viande, poisson, laitage, etc., *vingt-trois et trois dixièmes* pour cent. — A quoi il faut ajouter les fruits.

Le célèbre agronome estime que, dans les conditions de mortalité où se trouve la France, la population, pour rester stationnaire, doit être composée de familles de *cinq* personnes : le père, la mère et trois enfants de 1 à 20 ans, dont la nourriture pour chacun sera dans les rapports suivants :

Le père...................... 100
La mère...................... 58
Trois enfants de 1 à 20 ans (pour
   un enfant moyen 55)........ 165
                                   —
                                  323

Ainsi, la nourriture de l'individu moyen est 64, 6 de la nourriture de l'homme.

Les vieillards au-dessus de 60 ans rentrent pour la consommation dans la catégorie de la femme.

Pour appliquer ces éléments au calcul de la consommation générale de la France, il décompose la population totale en ses éléments divers :

1° En hommes au-dessus de 20 ans et au-dessous de 60 ans qui ont ration complète ;

2° En vieillards au-dessus de 60 ans qui ont la ration de femme, 58 pour 100 de la ration complète ;

3° En femmes qui ont la ration de 58 pour 100 ;

4° En enfants de moins de 20 ans qui ont la ration de 55 pour 100.

Il cherche dans l'*Annuaire du Bureau des longitudes*, ou dans les tableaux de la population que donne le beau livre *Patria*, le chiffre de chacune de ces catégories d'individus en France ; il met à côté le chiffre de rations complètes d'hommes auquel ce chiffre a droit, et il conclut :

Que sur l'ensemble de la France, la ration de l'*individu moyen* est à peu près les 24/35 ou les 0,69 de la ration de l'homme.

En supposant que l'*individu moyen* n'eût à sa disposition pour toute nourriture que du blé, il en consommerait par an 4 hect. 30 litres; en circonstances ordinaires il n'en consomme que deux hect. 30 litres. —Le seigle est moins nourrissant que le blé dans la proportion de 1 à 1, 4.

En adoptant les calculs de M. de Gasparin, qui me semblent les plus judicieux parmi ceux qu'ont donnés divers écrivains, en calculant le chiffre de consommation de l'individu moyen à 2 hect. 82 litres de céréales de toute espèce, et en le combinant avec le chiffre officiel de la production générale des grains donnée par M. Moreau de Jonnès pour l'année d'abondance moyenne, on peut établir avec une certaine probabilité la part de la consommation en céréales des hommes, et l'excédant qui reste libre pour pourvoir à une meilleure nourriture des animaux domestiques, à la fabrication de la bière et de l'amidon, à l'exportation des farines aux colonies.

Selon M. de Gasparin, les récoltes de céréales varient en France dans des proportions telles, qu'en supposant la récolte moyenne de 100, la récolte *maximum* serait de 120, et la récolte *minimum* de 70. Si nous retranchons de chacun de ces trois chiffres 16, qui représente le rapport des semences à la récolte moyenne, nous aurons donc comme quantités disponibles : 84

dans le cas de récolte moyenne, 104 dans le cas de récolte maximum, et 54 dans le cas de récolte minimum.

Ainsi, au lieu de donner *soixante-quatre pour* cent dans l'alimentation du pays, les céréales (il y comprend le sarrasin) peuvent ne plus fournir que *quarante et un* environ. Il y aurait donc un déficit de *vingt-trois* pour cent, soit un *quart*, si toutes les régions de la France éprouvaient les mêmes intempéries, si leurs récoltes succombaient sous le même fléau, chance improbable et qui ne s'est jamais vue ; car, dans les années les plus calamiteuses, les calculs les plus exagérés n'ont pas constaté le déficit d'un huitième.

On s'accorde à reconnaître qu'une *bonne* récolte est celle qui donne 4 pour 100 d'excédant, soit la nourriture de 14, 60 jours ;

Une récolte *abondante* est celle qui donne 6 pour 100 d'excédant, soit la nourriture de 21, 90 jours ;

Une récolte *très-abondante* est celle qui donne 10 pour 100 d'excédant, soit la nourriture de 36, 50 jours.

Les prix correspondant à ces résultats sont alors :

$$\left.\begin{array}{l} 18 \text{ fr.} \\ 16 \text{ fr.} \\ 14 \text{ fr.} \end{array}\right\} \text{ l'hectolitre.}$$

Une *médiocre* récolte est celle qui donne 4 pour 100 de déficit, équivalant à la nourriture en moins de 14, 60 jours ;

Une *mauvaise* récolte est celle qui donne 6 pour 100

de déficit, équivalant à la nourriture en moins de
21, 90 jours;

Une *très-mauvaise* récolte est celle qui donne 10
pour 100 de déficit, équivalant à la nourriture en
moins de 36, 50 jours.

Les prix correspondant à ces résultats sont alors :

$$\left.\begin{array}{l}25 \text{ fr.} \\ 28 \text{ fr.} \\ 36 \text{ fr.}\end{array}\right\} \text{ l'hectolitre.}$$

Des chiffres qui précèdent, il résulte qu'entre deux
récoltes, l'une très-abondante, l'autre très-mauvaise,
il y a une différence de 20 pour 100 en production,
ou de 73 jours; les prix sont alors comme 14 sont
à 36.

Une année qui donne un déficit de 10 pour 100,
équivalant à 36 jours, est une très-mauvaise année
où l'on voit les prix s'élever de 100 pour 100, et passer de 18 à 36 francs.

Voici un tableau des prix du blé en France à partir
de l'année 1202, sous le règne de Philippe II. M. Barral s'est servi pour le dresser de documents fournis
par le *Dictionnaire du Commerce* (article *Grains*), par
les archives statistiques de la France, par les publica-
tions officielles du ministère de l'agriculture, enfin par
les mercuriales que donne actuellement, avec ponctua-
lité, le *Journal de l'Agriculture pratique*, dont il est le
rédacteur en chef. Les prix de chaque époque sont
traduits en la valeur actuelle du franc.

Années.	Prix moyen de l'hectolitre de froment.	Années.	Prix moyen de l'hectolitre de froment.
	fr.		fr.
Philippe II.			
1202....	3.87		
Louis IX.			
1236....	3.74		
Philippe IV.			
1289....	4.00	1304....	8.56
1290....	5.50	1312....	7.14
1294....	6.38	1314....	4.46
Louis X.			
1315....	22.37		
Philippe V.			
1316...	7.61		
Charles IV.			
1322....	7.41		
Philippe VI.			
1327....	4.11	1339....	3.56
1328....	5.16	1341....	3.50
1329....	4.49	1342....	5.27
1332....	6.99	1343....	19.10
1333....	9.79	1344....	6.66
1334....	6.00	1345....	5.08
1337....	3.94	1347....	6.07
Jean.			
1350....	20.00	1359....	2.70
1351....	25.98	1360....	2.80
1354....	8.80	1361....	9.55
1356....	2.64		
Charles V.			
1365....	6.26	1375....	4.69
1369....	11.85	1376....	7.83
1372....	3.44		

Années.	Prix moyen de l'hectolitre de froment.	Années.	Prix moyen de l'hectolitre de froment.

Charles VI.

Années.	Prix	Années.	Prix
1382....	3.13	1405....	5.25
1385....	4.00	1406....	4.10
1390....	3.32	1410....	6.65
1397....	3.54	1411....	4.25
1398....	3.80	1413....	2.00

1416 à 1425, cherté, famine, mortalité.

Charles VII.

Années.	Prix	Années.	Prix
1426....	4.46	1440....	4.30
1427....	5.86	1443....	12.00
1428....	2.46	1444....	4.25
1430....	14.97	1446....	1.97
1431....	8.10	1447....	2.44
1432....	17.00	1448....	1.22
1433....	7.74	1449....	2.50
1435....	2.63	1450....	2.10
1436....	4.45	1452....	1.58
1437....	22.50	1454....	2.85
1438....	20.44	1457....	3.95
1439....	39.54	1459....	3.35

Louis XI.

Années.	Prix	Années.	Prix
1462....	2.40	1471....	1.79
1463....	1.95	1473....	1.59
1464....	1.00	1474....	2.90
1465....	1.97	1476....	2.70
1466....	3.95	1477....	3.00
1467....	1.59	1481....	4.12
1469....	1.79	1482....	6.68
1470....	1.38		

Charles VIII.

Années.	Prix	Années.	Prix
1485....	2.23	1489....	2.25
1486....	4.30	1492....	2.25
1487....	3.54	1495....	1.65

Années.	Prix moyen de l'hectolitre de froment.	Années.	Prix moyen de l'hectolitre de froment.

Louis XII.

Années.	Prix	Années.	Prix
1498....	3.01	1509....	1.37
1499....	3.91	1510....	1.18
1500....	1.80	1511....	1.32
1501....	4.51	1512....	2.10
1508....	3.95	1513....	3.16

François Ier.

Années.	Prix	Années.	Prix
1515....	9.56	1532....	11.34
1517....	3.75	1533....	3.62
1519....	3.50	1534....	4.51
1520....	3.70	1535....	3.72
1521....	11.70	1536....	8.13
1522....	8.43	1538....	7.62
1524....	8.43	1539....	10.53
1525....	8.81	1540....	4.92
1526....	2.60	1541....	3.04
1527....	5.90	1542....	6.24
1528....	6.00	1543....	7.00
1529....	10.43	1544....	7.92
1530....	10.43	1545....	7.90
1531....	14.50	1546....	7.20

Henri II.

Années.	Prix	Années.	Prix
1547....	3.50	1555....	8.10
1548....	6.00	1556....	13.80
1553....	8.80	1557....	13.60
1554....	7.95	1558....	7.50

François II.

Années.	Prix
1559....	8.60

Charles IX.

Années.	Prix	Années.	Prix
1560....	9.00	1567....	19.07
1561....	10.80	1568....	13.28
1562....	14.50	1569....	11.75
1563....	19.40	1570....	10.90
1564....	8.55	1571....	13.08
1565....	13.72	1572....	16.89
1566....	22.55	1573....	52.15

Années.	Prix moyen de l'hectolitre de froment.	Années.	Prix moyen de l'hectolitre de froment.
	Henri III.		
1574....	30.52	1581....	9.75
1575....	10.69	1582....	13.12
1576....	14.01	1583....	13.22
1577....	9.52	1584....	14.87
1578....	10.04	1585....	14.20
1579....	10.75	1586....	34.12
1580....	10.75	1587....	61.25
	Henri IV.		
1589....	9.72	1600....	12.89
1590....	20.85	1601....	12.09
1591....	52.85	1602....	9.70
1592....	31.50	1603....	19.54
1595....	42.00	1604....	10.74
1596....	50.79	1606....	12.05
1597....	28.00	1607....	12.21
1598....	24.22	1608....	18.86
1599....	12.85	1609....	16.55
	Louis XIII.		
1610....	12.40	1627....	21.75
1611....	12.48	1628....	16.24
1612....	12.68	1629....	14.76
1613....	11.48	1630....	17.49
1614....	12.98	1631....	32.46
1615....	11.50	1632....	25.17
1616....	11.58	1633....	18.20
1617....	12.79	1634....	15.17
1618....	23.76	1635....	16.25
1619....	14.51	1636....	14.81
1620....	10.82	1637....	14.10
1621....	14.19	1638....	13.55
1622....	18.45	1639....	11.55
1623....	17.89	1640....	11.96
1624....	14.01	1641....	14.84
1625....	15.56	1642....	15.00
1626....	27.55		

Louis XIV.

Années.	Prix moyen de l'hectolitre de froment.	Années.	Prix moyen de l'hectolitre de froment.
1643....	22.48	1680....	15.97
1644....	22.10	1681....	17.01
1645....	14.17	1682....	16.27
1647....	15.96	1683....	14.23
1648....	19.11	1684....	18.04
1649....	25.83	1685....	20.22
1650....	33.50	1686....	12.73
1651....	32.43	1687....	13.42
1652....	31.39	1688....	8.82
1653....	16.96	1689....	8.87
1654....	16.00	1690....	10.42
1655....	15.90	1691....	10.98
1656....	13.45	1692....	14.19
1657....	12.95	1693....	28.30
1658....	16.45	1694....	43.59
1659....	19.20	1695....	15.86
1660....	21.94	1696....	16.57
1661....	33.46	1697....	19.14
1662....	42.14	1698....	22.90
1663....	25.95	1699....	28.62
1664....	21.54	1700....	25.12
1665....	17.39	1701....	15.33
1666....	16.32	1702....	12.02
1667....	11.34	1703....	11.28
1668....	10.02	1704....	11.00
1669....	10.20	1705....	9.93
1670....	10.60	1706....	7.53
1671....	11.78	1707....	6.64
1672....	12.28	1708....	9.65
1673....	9.89	1709....	44.55
1674....	11.90	1710....	40.50
1675....	18.03	1711....	15.67
1676....	12.85	1712....	18.76
1677....	14.61	1713....	25.70
1678....	18.24	1714....	26.19
1679....	20.68		

Louis XV.

Années.	Prix moyen de l'hectolitre de froment.	Années.	Prix moyen de l'hectolitre de froment.
1715....	13.14	1740....	27.12
1716....	6.85	1741....	38.10
1717....	5.50	1742....	21.40
1718....	6.20	1743....	11.70
1719....	7.88	1744....	11.05
1720....	11.30	1745....	11.30
1721....	8.08	1756....	9.58
1722....	8.80	1757....	11.94
1723....	16.00	1758....	11.29
1724....	17.00	1759....	11.79
1725....	19.40	1760....	11.79
1726....	26.55	1761....	10.00
1727....	19.05	1762....	9.94
1728....	12.80	1763....	9.53
1729....	17.10	1764....	10.03
1730....	15.65	1765....	11.48
1731....	19.45	1766....	13.29
1732....	13.40	1767....	14.31
1733....	10.55	1768....	15.55
1734....	11.00	1769....	15.45
1735....	11.30	1770....	18.85
1736....	13.05	1771....	18.19
1737....	14.70	1772....	16.68
1738....	18.45	1773....	16.48
1739....	22.95		

Louis XVI.

Années.	Prix moyen de l'hectolitre de froment.	Années.	Prix moyen de l'hectolitre de froment.
1774....	14.60	1783....	15.07
1775....	15.95	1784....	15.55
1776....	12.94	1785....	14.89
1777....	13.38	1786....	14.12
1778....	14.70	1787....	14.18
1779....	15.61	1788....	16.42
1780....	12.62	1789....	21.90
1781....	15.47	1790....	19.48
1782....	15.29	1791....	16.25

Années	Prix moyen de l'hectolitre de froment.	Années.	Prix moyen de l'hectolitre de froment.

La République.

Années	Prix	Années	Prix
1792....	22.40	1794....	»
1793....	35.03	1795....	»

Le Directoire.

Années	Prix	Années	Prix
1796....	»	1799....	16.20
1797....	19.48	1800....	20.54
1798....	17.07	1801....	22.40

Consulat à vie.

Années	Prix	Années	Prix
1802....	24.32	1803....	24.55

Napoléon Ier.

Années	Prix	Années	Prix
1804....	19.19	1810....	19.61
1805....	19.04	1811....	26.15
1806....	19.33	1812....	34.34
1807....	18.88	1813....	22.51
1808....	16.54	1814....	17.73
1809....	14.86		

Louis XVIII.

Années	Prix	Années	Prix
1815....	19.55	1820....	19.13
1816....	28.31	1821....	17.79
1817....	36.16	1822....	15.49
1818....	24.65	1823....	17.52
1819....	18.42	1824....	16.22

Charles X.

Années	Prix	Années	Prix
1825....	15.74	1828....	22.03
1826....	15.85	1829....	22.59
1827....	18.21		

Années.	Prix moyen de l'hectolitre de froment.	Années.	Prix moyen de l'hectolitre de froment.

Louis-Philippe.

Années.	Prix	Années.	Prix
1830....	22.39	1839....	22.14
1831....	22.10	1840....	21.84
1832....	21.85	1841....	18.54
1833....	15.62	1842....	19.55
1834....	15.25	1843....	20.46
1835....	15.25	1844....	19.75
1836....	17.32	1845....	19.75
1837....	18.55	1846....	24.05
1838....	19.51	1847....	29.01

La République.

Années.	Prix	Années.	Prix
1848....	16.65	1850....	14.32
1849....	15.37	1851....	14.48

Napoléon III.

Années.	Prix	Années.	Prix
1852....	17.23	1854....	28.80
1853....	22.71		

Tout en reproduisant ce tableau, nous dirons, avec M. Passy, qu'il est impossible de constater exactement quel a été le prix du blé en France il y a cinq ou six siècles. Les mesures de capacité, malgré l'identité des dénominations, différaient énormément de contenance, non pas seulement de province à province, mais de paroisse à paroisse. En second lieu, les mercuriales, quand on les arrêtait, confondaient sous la dénomination commune de blé les céréales de toutes les sortes. Enfin, le pouvoir de l'argent était infiniment plus considérable qu'il ne l'est de nos jours, où le numéraire et le papier en circulation abondent.

A ce sujet, le même écrivain ajoute : « Il suffit de relever dans les actes authentiques échappés à la destruction les chiffres relatifs au prix des journées de travail ainsi qu'à celui des denrées, tels qu'ils se sont rencontrés dans les mêmes lieux aux mêmes moments, pour reconnaître que la valeur échangeable du blé était au moins égale à ce qu'elle est à présent. Ainsi, dans la Normandie, les salaires agricoles n'équivalaient, à la fin du douzième siècle, qu'à moins de six litres de froment ; à partir de cette époque, on les voit monter peu à peu jusqu'à la valeur de sept, et c'est depuis trente ans seulement qu'ils ont excédé celle de huit. Force est bien de conclure de ces faits que le prix réel du blé, sa valeur échangeable, n'a pas augmenté dans cette partie de la France. »

Voici cinquante ans passés que le cours des céréales a commencé à être coté en France avec précision. Durant ce long laps de temps, la population n'a cessé de croître en nombre et en aisance, et pourtant le prix du blé est loin d'avoir haussé. — Ainsi, à partir de 1800, les cinq moyennes décennales se sont succédé dans l'ordre suivant : 19 fr. 87 c. — 24 fr. 79 c. — 18 fr. 36 c. — 19 fr. 04 c. — 18 fr. 74 c. — C'est aux guerres du premier empire, à l'invasion de 1814 et 1815, à la disette de 1816 et 1817, qu'il faut attribuer la hauteur particulière à la moyenne de 1810 à 1820 ; mais à partir de cette dernière année, les prix sont descendus au-dessous des chiffres antérieurs à 1810 et 1800.

Des statisticiens, prenant pour base la période de 1560 à 1847, prétendent trouver qu'elle présente *trente-quatre* années de cherté excessive, ou *une* année sur *huit*. Mais les années de cherté ordinaire sont plus fréquentes, et on peut compter que sur *six* années il s'en trouve en moyenne *trois* bonnes, *deux* médiocres, et *une* mauvaise.

Certains prétendent qu'on ne voit pas les bonnes années alterner *une à une* avec les mauvaises, ou, en d'autres termes, une année d'abondance suivre une année de disette, à laquelle succède une année d'abondance, suivie à son tour d'une année de disette.

L'abondance et la disette, disent-ils, n'alternent entre elles que par périodes de cinq ou six années au plus. (Dans l'ancienne Égypte, les périodes étaient septennales.)

Afin de mieux démontrer cette régularité et cette exactitude dans la succession des périodes, disait en mai 1853 M. Abel Hugo (dans un mémoire fort intéressant qui est assez rare, car il n'a pas été mis en vente), il convient d'examiner séparément chacune de ces périodes, qu'on peut en quelque sorte appeler naturelles.

Nous en comptons dans ce siècle sept à partir de 1816 ; et nous partons de cette époque, parce que les chiffres de la statistique ont dès lors un caractère certain. Toutes, à l'exception d'une seule, présentent la continuité permanente des mêmes résultats.

1re période.— DISETTE (6 années : 1816 à 1821 inclus).

Excédant des importations sur les exportations, 6,247,178 hectolitres.

L'excédant des importations a été de 3,659,815 hectolitres dans les seules années 1816 et 1817.

2ᵉ période. — ABONDANCE (6 années : 1822 à 1827).

Excédant des exportations sur les importations, 1,248,601 hectolitres.

3ᵉ période. — DISETTE (5 années : 1828 à 1832).

Excédant des importations sur les exportations, 9,527,466 hectolitres.

4ᵉ période. — ABONDANCE (5 années : 1833 à 1837).

Excédant des exportations sur les importations, 944,130 hectolitres.

5ᵉ période. — MIXTE (5 années).

2 de *disette*, 1839, 1840; 3 d'*abondance*, 1838, 1841, 1842. Néanmoins, les importations ont dépassé les exportations de 1,126,473 hectolitres.

6ᵉ période. — DISETTE (5 années : 1843 à 1847).

Excédant des importations sur les exportations, 18,697,132 hectolitres. Dans les seules années 1846 et 1847, l'excédant des importations a été de 14,497,940 hectolitres.

7ᵉ Période. — ABONDANCE (5 années : 1848 à 1852).

Sur les quatre premières années de cette période, l'excédant des exportations sur les importations a été de 12,187,416 hectolitres.

En résumé, dans les 36 années que comprennent les sept périodes ci-dessus,

18 sont des années de disette qui ont exigé une importation de 37,087,651 hectolitres.

Le prix moyen de l'hectolitre importé a été de 25 fr. 57 cent.

Et 18 années d'abondance, qui ont fourni une exportation de 15,869,549 hectolitres.

Le prix moyen de l'hectolitre exporté a été de 15 fr. 31 cent.

Le fléau de la cherté des grains exerce une influence terrible sur les lois d'hygiène générale et de population. Ce fait a été constaté pour l'Angleterre, pour la Suède, pour la Prusse, pour l'Autriche, par un grand nombre d'écrivains; plus récemment pour la France, par les savants travaux de M. Millot.

A Paris seulement, la cherté de 1709 a augmenté les décès de 81 p. 100, et celle de 1795 de 34 p. 100.

Il résulte des tableaux dressés par M. Millot que, de 1784 à 1839, le prix des grains a exercé une influence régulière sur la population; cette influence se résume dans l'examen comparatif du nombre de jeunes gens inscrits au recrutement vingt ans après les années d'abondance et celles de cherté.

Les années de 1818, 1819, 1834, qui correspondent aux années d'abondance 1798, 1799, 1814, ont présenté 309,000, — 307,000, — 326,000 jeunes gens inscrits, tandis que 1823, 1832, 1838, qui correspondent aux années de cherté 1803, 1812, 1818, n'ont donné que 266,000, — 277,000, — 288,000 jeunes gens. Or, en 1838 n'inscrire que 288,000 jeunes gens, tandis qu'en 1819 on en avait inscrit 307,000, c'est subir et constater toute l'influence de la disette 1817-1818. Et si l'on considère que dans la période qui sépare les deux époques la population de la France s'était accrue de *trois* millions d'habitants, on verra que le déficit réel résultant de cette disette a été de 27 p. 100.

Par cet exemple et beaucoup d'autres, M. Millot établit que les chertés de grains empêchent les mariages, diminuent les naissances, augmentent les décès, affectent le chiffre des jeunes gens qui atteignent vingt ans, étendent même cette influence au retour périodique de vingt autres années, augmentent enfin le chiffre des exemptions pour défaut de taille, faiblesse de constitution, et exercent ainsi une influence funeste sur l'hygiène de la classe la plus nombreuse.

L'influence de la disette sur les mouvements de population, dit M. Moreau de Jonnès (*Annuaire de l'économie politique* pour 1850), est restée inappréciable pendant les derniers mois de 1846, lors même que le blé s'était élevé à 28 francs. Il est probable que les ressources des familles indigentes n'étaient pas encore tout à fait épuisées et pourvoyaient à leur subsistance, du moins partiellement ; mais quand la valeur de l'hectolitre de froment dépassa 30 francs en janvier 1847, et continua de s'accroître jusqu'en mai et en juin, il se produisit, dans la population des villes et des campagnes, des effets désastreux, analogues à ce qu'enfantent les maladies épidémiques ou contagieuses les plus redoutables. La mortalité s'augmenta, les mariages furent suspendus, et 65,000 enfants manquèrent à naître. La population totale, au lieu de s'accroître comme l'année précédente de 152,000 habitants, ou comme en 1845 de 237,000, ne gagna par l'excédant des naissances sur les décès que le chétif nombre de 64,800 âmes, accroissement inférieur de 73 pour 100 à celui qui avait eu lieu deux ans auparavant.

Un autre fâcheux effet est celui qui atteint dans ces circonstances l'industrie manufacturière. Toute augmentation subite dans le prix de l'alimentation diminue d'autant la consommation des autres objets. Se nourrir d'abord, se vêtir ensuite, voilà la loi. Si le consommateur possède 3, que la nourriture lui coûte 1, les dépenses fixes 1, il lui restera 1 pour le vêtement et les autres objets de luxe; que si la nourriture s'élève à 1 et demi ou à 2, les dépenses fixes restant les mêmes, il ne lui restera rien pour les produits des manufactures. Il y aura encombrement de marchandises et crise commerciale, et les exemples ne manquent pas que celle-ci a été suivie d'une crise politique.

CHAPITRE XI.

—

Nous avons exposé le mal; le remède le plus radical, c'est de trouver le moyen d'augmenter la production.

Nous ne sommes plus aux temps, rendons grâces à Dieu! où l'État prétendait faire mieux qu'eux-mêmes les affaires de ménage des citoyens. C'est ainsi qu'il ordonnait, en 1692 et 1693, aux propriétaires ou fermiers, d'ensemencer leurs terres, faute de quoi il était permis à toute personne étrangère de les ensemencer, et de jouir de la récolte sans payer aucun fermage. Il est difficile de croire que l'ordonnance ait eu le moindre bon résultat. Le fermier qui n'ensemençait pas avait probablement ses raisons. Quoi qu'il en soit, aucun souverain de France n'a essayé de la reproduire de nouveau.

Voici un autre exemple du mauvais effet de l'intervention de l'État. En 1709, famine terrible. La plus grande partie des blés gela dans les sillons. « On crut en février, nous raconte un contemporain, Joly de Fleury, avocat général au parlement, que le blé repousserait, et l'on défendit de retourner les terres semées en blé pour y mettre de l'orge ; mais on ne tarda pas à connaître qu'il n'y avait plus aucune ressource pour le blé que dans quelques provinces, telles que la basse Bretagne, la basse Normandie, la Guyenne, où le pays étant fort couvert, les neiges avaient résisté au vent, et les terres avaient conservé pendant le gel cette couverture protectrice. Dans le Perche et le Maine, il y eut aussi un quart d'année et dans quelques autres provinces; mais dans toutes les plaines, l'Ile-de-France, la Beauce et les principales provinces furent tout à fait stériles, en sorte que le blé, qui avait valu l'année dernière 8 et 18 francs le setier, monta au mois de juillet à 55 francs. Quand on avait vu la stérilité, on avait permis enfin au mois d'avril de semer des menus grains. On en sema autant que l'on put, et l'orge de cette récolte se vendit jusqu'à 60 francs le setier : on ne vit jamais misère plus excessive. »

Aujourd'hui l'État a pris son vrai rôle, et se contente de conseiller et d'encourager.

Demandons-nous d'abord si le travail agricole s'accomplit aujourd'hui en France dans de bonnes conditions. Le lecteur nous pardonnera de lui rappeler ici quelques notions élémentaires.

14

Pour apprécier la faculté productrice d'un sol, on doit distinguer sa *richesse* et sa *puissance*.

Sa *richesse* est son état chimique, c'est-à-dire ce qu'il contient de matières solubles et assimilables dont les végétaux pourront se nourrir.

Le mot *puissance* s'applique par opposition à son état physique, c'est-à-dire à son état d'ameublissement et de fraîcheur, à l'inclinaison et à l'exposition de sa surface, à l'épaisseur de la couche arable, à la nature des couches sous-jacentes, à l'influence plus ou moins intense de la couche imperméable.

En troisième lieu, il faut tenir compte de la situation *météorologique*.

Cette dernière se prête difficilement à subir l'action de l'industrie humaine, en sorte que c'est surtout sur la *puissance* et la *richesse* du sol que l'agriculteur doit faire peser ses efforts.

Une école s'est formée qui, sous l'inspiration de l'Allemand Jéthro Tull, prétend que l'atmosphère suffit, à elle seule, à entretenir la richesse du sol, et veut que l'homme ne songe qu'aux opérations mécaniques : celles qui développent la *puissance*, en ameublissant et pulvérisant le sol pour le rendre plus perméable à l'aération. A ce paradoxe l'expérience n'a pas manqué de répondre qu'on ne *fume pas à coups de charrue*.

D'un autre côté, se contenter de prodiguer les engrais sans donner assez de soins aux opérations mécaniques qui les rendront assimilables, serait également commettre une faute ; car ce n'est pas la quantité de *richesse* que l'on dépose dans le sol qui se convertit en récolte, mais seulement la quantité successivement mise à la

portée des racines, et jusque-là garantie contre toute
déperdition. Ainsi donner des labours profonds, sans
introduire en même temps une forte proportion d'engrais dans la couche arable, ne suffit pas. Voilà aussi
comment il advient que, suivant un vieux dicton, *la
marne enrichit les pères et ruine les enfants*, lorsque
ceux-ci, séduits par les premières bonnes récoltes venues
sur le marnage, se bornent, pour unique fumure, à
renouveler cet amendement, oubliant qu'il n'agit que
comme *engrais incomplet* sur la richesse, et qu'il ne
dispense pas des autres engrais renfermant les autres
principes utiles à la végétation.

L'équivalent à restituer à un sol est d'autant plus
faible que l'atmosphère a plus largement contribué à
l'alimentation des récoltes produites ; ou, en d'autres
termes, que celles qui se nourrissent surtout dans l'air
sont en majorité sur celles qui se nourrissent dans le
sol. En résumé, l'accroissement de fécondité d'un sol
dépend de la quantité de substances prélevée dans l'air
par les plantes fourragères, et du retour de celles-ci à
la couche arable après leur conversion en engrais.
Telle est la loi fondamentale de la culture *améliorante;*
et, circonstance digne de remarque, les plantes qui se
nourrissent surtout dans l'atmosphère servent en
même temps à l'alimentation du bétail.

Avez-vous de l'argent à faire valoir ? vous le confierez
de préférence à une forte maison de banque, et non à
celle qui travaille avec un capital chétif. Raisonnez de
même quand vous aurez à confier votre capital engrais
à un sol ; choisissez de préférence celui qui possède
déjà une bonne dose de *richesse* accumulée.

Les plus savants agronomes s'accordent sur la vérité de cet axiome : *L'épuisement du sol par les récoltes, loin d'être proportionnel au poids de ces récoltes, est généralement plus considérable dans une terre* PAUVRE *que dans une terre* RICHE.

En d'autres termes, si dans les sols de basse fécondité 100 kilogr. de fumier ne donnent que 6 kilogr. de froment, il y a des terres fertiles où le même poids de fumier rendra jusqu'à 15 kilogr. et au-dessus.

Dans son *Catéchisme des cultivateurs* pour le centre de la France, Royer, de si regrettable mémoire, établit fort ingénieusement une échelle ascendante de périodes de fertilité auxquelles, on peut élever, en passant de l'une à l'autre, le sol le plus pauvre. Il caractérise chacune par la culture dominante à laquelle le sol se prêtera successivement, sans qu'il risque de rien perdre de sa richesse naturelle, et en courant les meilleures chances qu'elle ira toujours croissant. Parmi les écrivains qui ont développé l'idée première de Royer, j'aime à citer surtout M. Lecouteux, l'auteur du *Guide du cultivateur améliorateur.*

1° La période la plus basse est celle où le sol, qui ne donne qu'une herbe peu abondante, se refuse à toute culture de fourrages artificiels : trèfle, sainfoin ou luzerne. Il la nomme *période forestière*, parce que ces sortes de sol donnent un meilleur produit en bois que par la culture.

2° Vient ensuite la période *pacagère*. L'herbe peut venir, mais elle n'est fauchable que sur quelques parties du sol, et par conséquent il faut la faire pacager, consommer sur pied par le bétail. — Le système pastoral, avec ou sans alternat du labourage à longs intervalles, peut s'installer. — Cette période inaugure l'ère du travail succédant à l'action presque exclusive de la nature.

3° Période *fourragère*. Elle est annoncée par un rendement de 1,500 à 2,000 kilog. de fourrage sec et *fauchable*. Alors le sol se prête mieux à une production variée, à la fréquence des ensemencements et des récoltes. Pourvu de sa ration d'entretien d'engrais, il élève leur effet utile. Le système arable s'organise régulièrement; cependant le cultivateur doit encore se préoccuper de la tâche de *constituer la richesse* du sol. C'est la période la plus périlleuse à franchir; elle commence à demander un capital spécial pour les améliorations foncières, pour les bâtiments, les chemins, les assainissements, etc., etc. En outre, il faut augmenter le capital d'exploitation en proportion de l'accroissement des fourrages, des engrais et du bétail. Plusieurs années se passent à capitaliser les intérêts; alors la production n'a pas pour but un revenu disponible; elle a pour but la reproduction : plus on marche, plus on fait des avances au sol.

4° Période *céréale*. Parvenu à un rendement de 3 à 5,000 kilog. de fourrage sec et fauchable, le sol entre en période céréale, parce qu'à partir de ce moment la culture des céréales peut prendre de l'extension aux dépens des soles fourragères; on fait d'ailleurs des fourrages en seconde récolte après les céréales. La production des engrais est désormais assurée; il n'est plus nécessaire de les capitaliser dans le sol et de n'en consommer qu'une partie. Le blé rend environ de 18 à

25 hectolitres par hectare ; il y a des pailles ; le bétail est nourri à l'étable en stabulation ; le travail de charrue suit l'enlèvement des récoltes ; le parcours des moutons diminue : bref, on peut jouir de la fertilité du sol.

5° Lorsque le produit moyen en blé se soutient, année commune, entre 25 et 30 hectolitres à l'hectare, le sol est en période *commerciale*, c'est-à-dire que, sans crainte de l'épuiser, on peut, aux dépens des grains et des fourrages, donner de l'extension à la culture des plantes industrielles qu'on livre aux fabriques, qu'on exporte du domaine, avec ou sans retour des pulpes, tourteaux, résidus. Essentiellement épuisantes, ces récoltes de vente ne craignent point, comme les céréales, les excès du développement foliacé, qui ont pour cause un excès de richesse du sol en matières carbonées et azotées, et ont pour résultat la verse, le couchage des récoltes. Désormais le sol est parfaitement comparable à une fabrique, dont le rendement résulte de la quantité de matières qu'elle transforme en un temps donné.

6° Période *maraîchère*. Voici venir enfin, dit M. Lecouteux, le *summum*, le dernier mot du produit brut. Prodigue de main-d'œuvre envers le sol, le cultivateur peut lui demander les plus riches produits, pourvu qu'il soit assuré de les vendre avec profit, et qu'il puisse acheter des engrais pour remplacer la richesse qu'il exporte du sol. Plus de bêtes à laine, à peine quelques vaches pour utiliser les produits du jardinage.

M. de Gasparin, dans son *Cours d'agriculture*, fait

observer que Royer, préoccupé qu'il était de la grande culture des céréales et des fourrages, a complétement négligé la possibilité de tirer des terres de ces trois premières divisions, les plus basses en fertilité, un autre parti que celui qu'on en tire par l'emploi de la charrue. La vigne, l'olivier et le mûrier, dans certaines conditions météorologiques, et partout les fruits de verger, élèvent quelquefois le produit de ces terres, trop souvent négligées, au niveau de celui des meilleures.

Le livre de M. Lecouteux contribuera, je l'espère, à détruire le préjugé dont nos hommes d'État eux-mêmes n'ont pas toujours su se défendre : que pour coloniser un pays, pour tirer de la terre la nourriture de l'homme, il suffit d'y apporter des bras, d'y improviser une population. Personne n'a mieux exposé que lui cette nécessité que la *richesse* accumulée dans le sol corresponde exactement à la quantité de main-d'œuvre que vous emploierez à développer la *puissance* de ce même sol ; autrement le produit net sera nul, et vous n'obtiendrez pas assez de céréales pour nourrir vos travailleurs.

Voyez la Sologne : désastres célèbres, attestant l'impuissance de la main-d'œuvre appliquée obstinément dans des conditions qui la repoussent ; succès remarquable des propriétaires qui ont le bon sens de traiter le sol comme appartenant à la plus basse période, et d'entreprendre l'amélioration par la base, c'est-à-dire par planter des arbres résineux ou des arbres à feuilles caduques ; misère des cultivateurs paysans qui s'obstinent à lui accorder prématurément les honneurs du traitement dû seulement aux sols parvenus en richesse à la période céréale.

Et ce n'est pas seulement en Sologne que cette déplorable faute se commet. Prenez n'importe quelle commune de France, et les exemples seront nombreux d'une aussi mauvaise entente du principe fondamental d'une culture bien raisonnée. Par suite d'une application prématurée, et par conséquent vicieuse, de leur main-d'œuvre et du peu d'engrais dont ils peuvent disposer, à des terres qui n'ont point encore assez de richesse accumulée en elles-mêmes pour les payer convenablement par un bénéfice net, la grande majorité de nos petits cultivateurs, qui s'obstinent à faire du blé, ne produisent tout juste que leur propre nourriture, gagnée par une fatigue sans relâche, et n'ont rien à porter au marché. En année ordinaire la population totale trouve tout juste de quoi la nourrir ; une réserve est impossible à former dans la prévision de la mauvaise année qui menace de suivre ; tandis que cependant la partie du sol imprudemment tourmentée, qui ne répare pas ses pertes, finira par s'épuiser.

Le premier pas à faire serait de persuader aux populations rurales de ne demander à un champ que la nature de production en rapport avec sa richesse. — Les bien convaincre que faire du blé dans une terre qui n'est point parvenue, en richesse accumulée, à la *période céréale*, une terre qui n'est pas capable de rendre à raison au moins de 15 à 18 hectolitres par hectare, est toujours en définitive une mauvaise spéculation ; que c'est gaspiller de l'engrais, et perdre une main-d'œuvre à laquelle on eût mieux fait de chercher tout autre emploi. Un pays où il se perd de la main-d'œuvre n'est pas un pays vraiment civilisé.— Et que dans cette terre même il faut toujours prendre soin de rapporter la somme d'engrais équivalente à celle que la récolte de céréales a consommée, autrement on épuisera bientôt le capital de richesse.

Le second pas serait de généraliser un meilleur assolement, une meilleure rotation des récoltes variées, jusqu'à ce qu'on ait couvert de plantes fourragères et de racines la moitié du sol arable. Les Anglais, qui ont compris cette nécessité de fabriquer de l'engrais avant de songer à cultiver du blé, produisent, à surface égale, deux fois plus de céréales et quatre fois plus de viande que nous. Ils sont dans la véritable voie : ils obtiennent, sans augmenter le travail qui prépare le sol, de plus fortes récoltes par l'application d'engrais plus abondants. Ils se procurent ces engrais en augmentant la quantité de bétail. Ils tirent de celui-ci un parti plus avantageux en perfectionnant ses qualités, en rendant sa croissance plus précoce, et en diminuant ainsi la consommation de fourrages qui crée une quantité donnée de viande ou de lait, de sorte que le prix de l'engrais qu'il fournit soit modique.

La plus forte importation de céréales en France a eu lieu en 1847. On a dit qu'il y avait eu alors un déficit de cinquante-deux jours de blé, un septième environ de l'approvisionnement total. « Même en admettant ce chiffre, conclut M. de Gasparin, si nous parvenions à accroître la production d'un *quart*, nous serions à l'abri de toute disette, et nous aurions du blé à exporter, même dans les années de mauvaise récolte. » L'exemple de l'Angleterre suffit pour montrer que ce résultat et au delà est chose possible : M. de Gasparin (*Journal d'agriculture pratique*, 5 janvier 1854) entre à ce sujet dans des détails culturaux auxquels il me semble difficile de rien objecter de sérieux.

Je renvoie le lecteur à ses ouvrages ; je n'en citerai que le résumé. Prenant d'abord pour exemple un terrain qui produit, en moyenne, 18 hectolitres par hectare, il établit que, par l'ancien assolement, le blé ne revient pas à moins de 18 à 19 fr. l'hectolitre à une grande partie des cultivateurs. — Il commence par appliquer à ce terrain un assolement meilleur, il introduit la culture des plantes fourragères et des racines, et il y obtient le blé à 14 fr. 50 c. l'hectolitre. — Il donne des engrais plus abondants, et, par ce surcroît d'engrais, il obtient un excédant de 12 hectolitres de blé, et ce blé obtenu en excédant ne lui coûte que 8 fr. l'hectolitre.

Il prend un second exemple, celui d'une terre humide, compacte, n'absorbant pas l'eau, impraticable en hiver, et l'été se fendant, se durcissant, et rendant impossible l'action des instruments agricoles ; une de ces terres pour lesquelles le drainage est clairement indiqué, qui produisent en moyenne 7 à 8 hectolitres de blé. En drainant convenablement la terre, en facilitant l'écoulement de son humidité stagnante, et appliquant la dose d'engrais nécessaires, on parviendrait en peu d'années à en obtenir 30 hectolitres par hectare, coûtant seulement 6 fr. par hectolitre.

Cependant l'agriculture est comme toutes les indus-

tries ; elle ne sera sérieusement stimulée, elle ne s'ingé-
niera à produire davantage que lorsqu'elle entreverra
un débouché assuré pour le surcroît de production. Il
lui faut sentir le marché près d'elle.

Le marché existe à nos portes, si la France adopte
le principe de la liberté de commerce, et continue à
multiplier ses voies de communication entre tous les
points de l'intérieur et vers la frontière.

La France est l'un des États les moins peuplés, proportionnellement à son étendue, de l'Europe occidentale. On calcule qu'elle compte seulement 6,781 habitants par kilomètre carré, tandis que sur le même
espace la Belgique en compte 14,700, — la Hollande
9,300, — l'Angleterre proprement dite 12,500.

Or ces trois pays, Angleterre, Belgique, Hollande,
en même temps qu'ils sont plus peuplés que nous,
sont en même temps plus riches, et peuvent acheter
nos denrées ; car ils ont fait de leur main-d'œuvre un
emploi judicieux : ils ont obtenu un bénéfice net ; ils
ont créé la valeur qui payera largement tout ce qu'on
leur portera, céréales, fruits, légumes, etc. Nous sommes leurs voisins, nous sommes donc naturellement
appelés à leur fournir un supplément de denrées alimentaires, qu'il leur serait plus coûteux de demander à
leur propre territoire surchargé de consommateurs. Il
dépend de nous de nous décider à le produire et à l'exporter chez eux. C'est là un vaste marché et qui tend à
s'agrandir encore d'année en année, par suite des progrès incessants de leur population, qui sont beaucoup
plus rapides que chez nous. — On calcule qu'elle peut
doubler en 49 ans pour l'Angleterre, — en 82 ans

pour la Belgique, — en 104 ans pour la Hollande, — tandis qu'il faut 128 ans pour la France.

Décidons-nous donc à nous mettre en mesure de produire davantage par de meilleurs procédés, à produire en sus de notre consommation; nous sommes certains de trouver à placer en tout temps notre excédant chez nos voisins.

Nous souhaitons à notre belle et chère France de la voir développer, comme l'ont fait ces trois nations voisines, sur une plus large échelle son industrie manufacturière et son commerce avec l'étranger, ce qui attirerait dans nos cités de l'intérieur et dans nos ports des populations encore plus condensées et plus actives, et la portion de main-d'œuvre qui se perd dans nos campagnes.

On a beaucoup soutenu la thèse contraire dans ces dernières années, parce qu'on était sous l'impression vive d'une révolution, et qu'on se préoccupait surtout des émeutes à redouter dans les villes. On jugeait bon alors de confiner la population mercenaire dans le paisible travail rural.

De son côté le paysan, certain de trouver dans des cités plus nombreuses et plus riches, mieux pourvues de consommateurs, le débit des fruits et des légumes frais si recherchés des citadins, et ayant désormais la facilité d'expédier ses denrées par le réseau de nos chemins de fer et de nos voies vicinales améliorées, ne songera plus à fabriquer du grain pour lui-même dans un sol qui s'y prête mal; il se reposera de ce soin sur la grande usine agricole, sur la ferme qui peut et sait fabriquer les engrais à l'aide d'un bétail nombreux, et où la main-d'œuvre s'emploie de la manière la plus judicieuse au développement de la puissance de chaque partie du sol en raison de la *richesse*.

A-t-il un minime capital qui lui permette liberté d'action, au lieu de se constituer, comme il fait trop souvent aujourd'hui, propriétaire d'un maigre champ, et de se gêner pendant sa vie entière pour en acquitter le payement? il se contentera de prendre à loyer ce champ en basse période de fertilité; il emploiera son capital à le couvrir d'arbustes peu exigeants, de plantes qui ne demandent point d'engrais, mais au contraire en laissent dans le sol, jusqu'à ce qu'il le voie peu à peu croître en richesse, et devenir un beau verger, un marais à légumes; tout cela à son bénéfice, à celui du propriétaire, et aussi à celui de la société prise en masse.

S'il est dépourvu de tout capital, s'il vit au jour le jour, et que le maigre champ lui vienne en héritage, ce qu'il a de mieux à faire, c'est de le louer à plus capable que lui de faire des avances à la terre; il touchera sa petite rente, et continuera comme auparavant à employer ses bras sur les champs d'autrui. — Si l'ouvrage manque dans la commune, qu'il s'ingénie pour en trouver n'importe où, fût-ce à l'étranger. Son pain lui sera mieux assuré par toute autre voie que par sa main-d'œuvre perdue sur un maigre champ. La misère qui afflige tant de belles contrées de l'Italie provient surtout d'une pareille cause.

Les grandes fermes connaissent maintenant la toute-puissance des capitaux et de l'instruction profession-nelle. Nul doute qu'à mesure que leur nombre s'accroîtra, elles n'aient un avantage tout spécial pour la production du bétail, des fourrages et des céréales, parce que seules elles pourront appeler à leur secours les machines, la division du travail, les grandes opérations d'irrigation et de drainage, les constructions économiques, les relations commerciales étendues, la puissance du crédit.

Je disais au commencement du chapitre que l'homme n'avait d'action que sur la *puissance* et la *richesse* du sol, que les conditions *météorologiques* restaient en dehors de son influence.

Il peut du moins observer les variations du temps, les constater au jour le jour, et tenir compte des effets bons ou mauvais que le caprice des saisons aura dû produire sur la végétation des céréales, et prévoir jusqu'à un certain point quel sera le rendement en *quantité* et *qualité*.

Depuis plus d'une année, un homme qui a rendu d'importants services à la science, M. Barral, dans le *Journal d'agriculture pratique*, publie avec un grand soin la *Météorologie agricole* de la France. Ce sont les tableaux des observations météorologiques recueillies dans le courant de chaque mois sur les différents points du territoire français.

Jusqu'ici les grands journaux, le *Moniteur* lui-même, avaient donné peu de détails de ce genre ; ils se contentaient de mentionner le degré du thermomètre dans les jours de grand froid ou de chaleur extrême, et même sans prendre la peine d'aller puiser leurs documents à la source pure : ils envoyaient un commissionnaire consulter le thermomètre Chevalier. Voici que le *Moniteur* a compris combien cela était ridicule ; il publie main-

tenant, et sous la forme convenable, les relevés sérieux
pris à l'Observatoire de Paris. Il avait même un jour
publié un tableau fort intéressant : celui de tous les
relevés des observatoires de la France entière pour un
même jour, tels qu'ils lui avaient été transmis par les
télégraphes électriques. Ce jour-là il était entré dans
une excellente voie. Ne pourrait-il renouveler l'essai
et persévérer? Ne pourrait-il, le lundi de chaque semaine par exemple, publier, à sa quatrième page, en
compagnie du tableau qu'il donne des recettes des chemins de fer (lequel a aussi son utilité, mais non plus
grande certainement), ne pourrait-il publier le tableau
résumé des relevés de tous les observatoires de France?
Il lui suffirait de le demander à MM. de l'Observatoire
de Paris, qui, sans nul doute, saisiraient une occasion
si belle d'attirer l'attention publique sur leurs travaux.

Au lieu de ces réclames qui partent on ne sait d'où,
« Le..., un froid précoce a compromis les semailles de
tel terroir, etc., » ou, « La pluie excessive a fait verser
les blés de telle partie de la Beauce, etc., » réclames
quelquefois innocentes, assez souvent dictées par la
convoitise perfide d'un spéculateur ; si nous lisions au
journal officiel un travail exact et probe, émané de
l'une des plus honorables compagnies savantes de l'Europe, ne serions-nous pas mieux renseignés sur l'*état*
au juste de nos récoltes croissantes, sur la santé bonne
ou mauvaise des *biens de la terre*, selon la charmante
expression du peuple?

Les labours, les semailles, la floraison, la moisson
reviennent à des époques à peu près invariables : au

commencement, au milieu ou à la fin de tel ou tel mois, pour telle ou telle région. Le *Moniteur* du lundi nous apprendrait qu'à cette époque et dans cette région le temps a été sec ou humide, la température élevée ou basse, le vent a soufflé dans telle direction qui, sur ce point, est favorable ou défavorable, etc. Le document serait véridique, certain, on lui accorderait pleine confiance, et nul semeur de faux bruits ne se jouerait à tenter d'égarer, par de fausses réclames, l'opinion des badauds sur la santé des précieux biens de la terre. Je donne mon idée pour ce qu'elle vaut, mais je crois que le journal y gagnerait en popularité.

En tous cas le commerce loyal y gagnerait d'avoir devant lui un excellent phare constamment allumé, à la lumière duquel il pourrait s'en rapporter pour combiner à l'avance ses opérations. La disette ne pourrait plus surprendre personne à l'improviste, ni consommateurs, ni fournisseurs.

On s'occupe beaucoup des moyens d'être, à l'avenir, mieux renseigné qu'on ne l'a été jusqu'à présent sur l'état des récoltes. Je rappellerai le moyen que Royer proposait il y a quelques années. Les renseignements sur la production agricole ne sont pas faciles à obtenir : le fermier se croit obligé de cacher ce que son industrie lui rapporte au juste, dans la crainte de voir le propriétaire plus exigeant au renouvellement du bail. Le paysan redoute par-dessus tout qu'on se mêle de ses affaires, et qu'on ajoute à sa cote d'impôts. Royer, nommé à une inspection générale d'agriculture, fit adopter la distribution des prix annuels par chaque comice de département au cultivateur dont l'exploitation est jugée la mieux tenue et la mieux conduite. De la sorte, sans mesure vexatoire, sans procédure inquisitoriale, et en opérant un bien, en éveillant le noble sentiment de l'émulation, l'œil exercé d'un jury bien choisi recueille les renseignements les plus minutieux sur les fermes de plusieurs candidats du département. Du résultat obtenu sur ces exploitations, qui sont les meilleures, il lui est facile de conclure au résultat obtenu sur les médiocres et sur les mauvaises.

Je crois qu'il y aurait avantage à s'attacher au développement de l'idée de Royer. Provoquer l'organisation de comices en assez grand nombre, un par arrondissement je suppose, et faire coïncider l'époque de la distribution des prix, dans les différentes contrées, avec celle où la rentrée des céréales est effectuée et où commence le battage. — Demander aux jurys qu'ils ajoutent à leur rapport : le nombre de charrues qui fonctionnent dans l'arrondissement, en les distinguant en bonnes, médiocres et mauvaises ; des observations sur les résultats des cultures qui ont été dominantes dans l'année, etc.

Il me semble que foi plus certaine pourrait être ajoutée par l'administration à de simples inductions émanées d'un homme éclairé, rapporteur des travaux d'un jury, qui aurait parcouru le territoire de son arrondissement natal en se rendant d'une bonne ferme à une autre, qu'aux chiffres positifs consignés dans des tableaux que des maires, souvent peu éclairés, sont chargés de remplir dans leur commune, d'après des questions auxquelles le fermier et le paysan croient avoir intérêt à répondre sans sincérité.

15.

Un peu d'argent consacré à des prix plus nombreux serait considéré comme un encouragement de plus accordé à l'agriculture ; et cependant l'administration obtiendrait en échange, par un mode qui n'aurait rien que de paternel, une information rapide, et pour la plupart des cas suffisamment exacte.—Les inspecteurs de l'agriculture sont là qui contrôleraient les rapports des jurys, les coordonneraient, et en tireraient le résultat général.

CHAPITRE XII.

Réserves publiques. — Primes. — Prohibition de sortie des grains.
— Inconvénients de l'échelle mobile.

La prévoyance contre les années calamiteuses s'exercera-t-elle avec efficacité par des réserves de grains que fera l'État, par des greniers d'abondance? Les économistes répondent : L'établissement de réserves publiques ou l'intervention directe de l'État dans le commerce des grains n'est applicable que dans un état de civilisation peu avancé, là où les capitaux privés manquent pour se prêter à former des réserves particulières.

La prévoyance administrative, c'est-à-dire celle qui émane d'un certain nombre de personnages délégués à cet effet par le chef de l'État, maniant les capitaux de tous, vivant d'appointements fixes, *conservant* dans des

magasins de l'État, agissant sans être poussés par le
sentiment de l'intérêt privé, qui seul crée la véritable
vigilance, est à l'excès coûteuse.

Turgot a dit : « Personne n'est intéressé à ce que
l'État soit servi à bon marché, et chacun pense trouver
son profit à ce qu'il le soit chèrement. »

Cette prévoyance porte encore en elle un autre vice
radical, l'incertitude. Elle ne sait jamais au juste le
moment où elle doit faire usage de ses réserves ; car
une première année de cherté peut malheureusement
être suivie d'une seconde encore plus calamiteuse. —
De plus, l'action administrative, qui procède avec un
cortége de formalités indispensables, est toujours bien
plus lente que celle du commerce ; elle risque très-
souvent de ne se manifester que d'une manière tar-
dive et peu efficace.

La présence d'une réserve administrative paralyse
toute l'action du commerce. Tout homme raisonnable
accordera que les efforts de la spéculation privée ne
sont pas de trop à côté de l'État se faisant commerçant
de grains ; or, qui se sentira disposé à essayer de ce
commerce déjà si chanceux, lorsqu'il aura continuellement à craindre de voir ses opérations contrecarrées
par quelque mesure gouvernementale contre laquelle
on ne peut résister ?

La présence d'une réserve qu'un ordre suprême peut
jeter soudainement et à l'improviste sur le marché
suffira pour éloigner plus de grains que les greniers
d'abondance n'en pourraient jamais contenir.

Le rapport entre les besoins (la demande) et les
quantités existantes (l'offre) étant donné, rapport que

le commerce privé établit plus vite et mieux que l'administration, le prix ne dépend nullement de l'arbitraire, à moins qu'on n'ait la prétention de distribuer gratuitement. Or ce prix raisonnable, sérieux, des particuliers le trouveront mieux que le fonctionnaire ; et s'il doit y avoir erreur, une hausse trop forte est moins nuisible qu'une baisse prématurée. A supposer même que les commerçants eussent la pensée d'élever les prix par malveillance, ces prix exagérés ne tarderaient pas à augmenter l'offre et à produire la baisse.

Sans remonter aux exemples plus anciens, lisez la *Notice sur la cherté des grains de* 1811 *à* 1812, par **M.** Vincens (insérée au *Journal des économistes*, n° d'octobre 1843); vous y verrez se développer successivement, et par un enchaînement fatal de mesures corrélatives, tous les graves inconvénients et en même temps l'inefficacité d'une réserve par l'État. C'est le dernier exemple que nous ayons eu en France d'une intervention aussi complète de l'État dans le commerce des grains. En face d'une disette qui menace, Napoléon Ier, qui veut assurer la subsistance de la capitale, fait acheter des quantités considérables de blé pour compléter sa *réserve*, ses greniers d'abondance. — L'effet de ces achats est naturellement d'exhausser les prix. Napoléon, qui ne voulait pas mécontenter les Parisiens au moment de les quitter pour la campagne de Russie, ordonne de taxer le pain au-dessous du cours du blé, et de fournir aux boulangers les grains de la réserve. Mais comme celle-ci n'en pouvait donner assez, un grand nombre de boulangers furent ruinés, et plusieurs fermèrent boutique. — On venait acheter à Paris, où la taxe était de 18 sous, des masses de pain pour la banlieue, où le prix était de 26 à 28 sous. On fut obligé de faire des réquisitions dans les magasins du commerce pour subvenir aux besoins croissants de la réserve.

Deux décrets vinrent bientôt compléter le système de réglementation conseillé par les membres du *Conseil de subsistance*. — En vertu du premier, il était ordonné à quiconque ferait des achats pour les départements qui *auraient des besoins*, de n'y procéder qu'après en avoir fait la déclaration au préfet. Défense était faite également d'accumuler des grains ou des farines pour les tenir en magasin. En conséquence, tout détenteur de denrées alimentaires devait en faire la déclaration immédiate et en apporter les quantités qui lui seraient indiquées, sur tel marché qu'on lui désignerait. Les fermiers et les propriétaires étaient soumis aux mêmes déclarations et réquisitions.

Le second décret ajoutait à ces mesures l'établissement d'un *maximum*. Le blé ne pouvait être vendu au-dessus de 33 fr. dans les départements où les grains suffisaient à la consommation. Dans les autres, les préfets devaient fixer immédiatement le *maximum*, en ayant égard aux frais de transport.

Quelques préfets, ayant eu le bon esprit de fixer un maximum élevé, réussirent ainsi à attirer les blés dans leurs départements; beaucoup d'autres exécutèrent le décret dans le sens rigoureux. Chez eux, les rigueurs exercées firent cacher les grains; on requit en vain de garnir les marchés, ils restèrent vides. Les départements de la Mayenne, du Cher, de Loir-et-Cher,

de la Meuse et de proche en proche, de la Seine-Infé-
rieure et du Calvados, se trouvèrent sans ressource ; ils
envoyaient des agents à Paris pour réclamer des secours, et l'on n'avait rien à leur donner. Dans certaines
campagnes, on ne se nourrit que d'herbages et de racines, et il en résulta des épidémies.

Ajoutons cette considération morale que j'emprunte
à M. de Gasparin : « Pense-t-on ce qu'il adviendrait si
le gouvernement, se substituant à la Providence, devenait responsable de la disette et de la cherté des subsistances ? N'exigerait-on pas, avec quelque apparence
de raison, la permanence d'un même prix du blé, puisque, dans l'hypothèse, l'approvisionnement devrait
toujours être le même et au grand complet ? Et si
deux années de disette se succédaient, comment faire
comprendre, à un peuple accoutumé à compter sur cet
état moyen des prix, que le trésor entier du pays ne
suffirait pas à le lui assurer ?

Au moyen âge, chaque ville a pu trouver de l'utilité
à avoir son grenier public, parce qu'alors la sécurité
n'existait pour aucune. Chaque ville était une place de
guerre, qui courait le risque de soutenir un siége : le
grenier public fonctionnait là comme magasin militaire
pour la défense d'une place.

On conçoit encore de nos jours les greniers publics
que le gouvernement de la Chine entretient dans les
montagnes du Thibet, et qui sont un moyen important
de maintenir ce pays sous le joug. — On conçoit que,
jusqu'en 1832, les sultans de Constantinople aient eu
pour système de nourrir à peu près gratuitement la
population turbulente qui entoure leur palais, en ou-

vrant aux meuniers et aux boulangers de Constantinople
des greniers publics alimentés par des réquisitions de
grains, à titre d'impôt de conquête, sur les populations
de Moldavie et de Valachie. — C'est un vieux moyen
politique emprunté à la tradition romaine, et dont
Rome elle-même a subi les conséquences pernicieuses.
« Lorsque la plèbe, dit Burke, est habituée à être
nourrie par l'État, elle demande comme un droit la
perpétuité du bienfait, et mord la main du gouvernement tendue vers elle sans lui apporter sa pitance. »

Dans de tels pays et sous de tels gouvernements, où
personne ne trouve sécurité pour ses biens ni même
pour sa vie, comment des capitaux privés pourraient-
ils exister, et comment des spéculateurs songeraient-ils
à tenter de niveler pacifiquement les prix d'une province stérile à une province féconde, d'une année mauvaise à une année d'abondance ?

On a proposé dans ces derniers temps des systèmes
mixtes. De grandes compagnies, par exemple, se char-
geraient, sous le patronage de l'État, de nourrir et
d'approvisionner Paris et les départements ; achetant,
dans les années d'abondance, le blé aux cultivateurs à
un prix *suffisant*, emmagasinant, et maintenant le prix
du pain à un taux moyen dans les années de récoltes
médiocres. « Nouveau genre de prévoyance, a dit à ce
sujet l'*Écho agricole* ; la prévoyance du *monopole* mise
à la place de la liberté de prévoir, qui appartient à
tous, et appelée, sous prétexte de philanthropie, à con-
fisquer purement et simplement notre intelligence et
nos moyens de travail. » Ajoutons que la responsabi-
lité ne s'arrêterait pas sur les compagnies détentrices

du monopole ; le peuple souffrant se croirait en droit
de la faire remonter plus haut : la considération morale
proscrit de même ce second système.

La prévoyance *administrative* est impossible : la prévoyance du *monopole* serait une calamité publique.
Reste la prévoyance de tous, la prévoyance *commerciale*, celle qui approvisionne en abondance, aux prix
convenables et en toute saison, le marché de toutes les
autres sortes de denrées.

Il fut un temps (1688) où l'Angleterre crut devoir
donner des primes à l'exportation des blés, pour favoriser son agriculture. Turgot, l'éloquent apologiste du
commerce des grains, démontra que ce système était
funeste ; qu'il n'était au fond qu'un impôt servi par la
société tout entière aux propriétaires du sol. M. Maurice Block, qui a pu voir les choses de près au ministère du commerce, dit que la prime agit en général
comme la *mouche du coche*, et souvent comme un stimulant pour la fraude. Le gouvernement français n'imita pas ce mauvais exemple de l'Angleterre, chez laquelle, du reste, cette singulière législation ne fit que
paraître et disparaître.

Sous l'assemblée constituante, sous la convention
et le Directoire, le gouvernement français, se trouvant
en présence de récoltes généralement mauvaises, s'attacha surtout à défendre la sortie des grains. A ces
époques, l'entrée des blés étrangers était libre ; mais,
au milieu de guerres acharnées, cette liberté resta
bientôt sans effet. Dès 1793, l'impératrice Catherine,
maîtresse de la Baltique et de la mer Noire, faisait croiser ses escadres pour empêcher tout convoi de grains

en France. Sous le consulat et l'empire, la sortie des céréales resta prohibée comme mesure générale.

En 1814, notre récolte était abondante, les prix tombaient de plus en plus; l'agriculteur français demanda la liberté de sortie pour les grains, et l'obtint sous certaines conditions. On subdivisa les frontières et le littoral maritime de la France en classes distinctes, et l'on permit la sortie tant que les prix par hectolitre ne s'élèveraient pas au-dessus de tel et tel chiffre dans telle ou telle classe. — Survinrent deux années calamiteuses; le commerce d'importation des grains n'existait pas encore en France; le gouvernement offrit des primes aux importations, et fit d'énormes sacrifices pour tirer les blés de l'étranger. Lorsque revint l'abondance et l'avilissement des prix, il jeta, en 1821, les bases de la loi modifiée en 1832, et qui nous régit encore : elle n'est que suspendue. C'est l'*échelle mobile* du droit qui frappe les grains, soit à leur sortie, soit à leur entrée; il monte ou descend, selon que les prix ont atteint tel ou tel chiffre dans les différentes classes, d'après la moyenne des mercuriales des ventes opérées sur les différents marchés de chaque classe. La pensée dominante est de venir au secours du producteur quand il y a surabondance, et au secours du consommateur quand la disette menace.

L'*échelle mobile* est un emprunt que nous avons fait aux Anglais, qui l'avaient imaginée en 1815. Ils ont été les premiers à reconnaître combien cette idée, séduisante sur le papier, entraînait d'inconvénients dans la pratique, et à l'abandonner. En premier lieu, les mercuriales des marchés désignés comme marchés régulateurs étaient plus fictives que réelles ; elles étaient altérées par les manœuvres habiles de l'agiotage. Pour y mettre obstacle, le gouvernement anglais avait fini par porter au nombre d'environ deux cents le nombre de marchés régulateurs dont les mercuriales influeraient sur l'échelle mobile. Il avait pu rendre l'abus plus difficile, il ne l'avait pas détruit. (A ce sujet, nous ferons observer qu'en France nous avons en tout vingt-cinq marchés régulateurs.) Mais le plus grave reproche que les Anglais ont fait au système, c'est de gêner les opérations du commerce et de le neutraliser dans son rôle de prévoyance, de le réduire à ne tenter que des opérations improvisées au moment même de l'urgence bien manifestée, c'est-à-dire qui n'apportent le plus ordinairement que des secours tardifs, et quand le mal a déjà trop sévi, parce qu'il faut du temps pour fréter des navires, et que souvent les navires ne se trouvent pas. Le commerçant hésitait à aventurer ses capitaux sous le régime d'une loi dont les mouvements étaient alternatifs et saccadés. Il se décidait difficilement, par exemple, à donner des ordres d'achat à Odessa, c'est-à-dire à trois mois de distance de l'arrivée des blés achetés, quand dans cet intervalle les droits d'entrée pouvaient varier du simple au quintuple.

On sait avec quelle énergie la ligue dirigée par Cobden poursuivit ses attaques contre les lois des céréales, et comment sir Robert Peel, en 1846, abaissa d'abord les tarifs de l'échelle mobile, afin de ménager prudemment la transition d'un système à l'autre, et en 1849 les remplaça par un droit fixe sur le blé étranger, quel que soit le prix du blé indigène ; ce droit est de 1 shilling par quarter (44 cent. par hectolitre). La Hollande, la Belgique, l'Allemagne ont imité l'Angleterre.

La France continue à s'en tenir à l'échelle mobile. L'*Écho agricole* passait dernièrement en revue les années qui se sont écoulées depuis la récolte de 1821, et constatait que, sur trente-cinq récoltes, en comptant celle sur laquelle nous allons vivre, nous avons eu *seize* années de bas prix, *onze* années de cherté plus ou moins forte, et *huit* années seulement de prix moyen. Or, le but de la loi est de régulariser les prix dans l'intérêt à la fois du producteur et du consommateur, c'est-à-dire de maintenir en permanence le prix moyen ; et cependant voici qu'en résultat le producteur a eu seize années sur trente-quatre à se plaindre de la loi qui lui promettait protection et ne le protégeait pas. — Le consommateur aura eu onze années à se plaindre des prix excessifs dont la loi devait le préserver. — Restent huit années à peine pendant lesquelles les prix ont pu paraître convenables aux deux parties. Nous sommes loin du succès que le législateur s'était proposé. Nous n'avons obtenu qu'un système de bascule, qui tantôt fait pencher la balance en faveur de ceux qu'on appelle les producteurs, tantôt en faveur de ceux qu'on appelle les consommateurs. Il n'est pas à présumer que la prospérité du pays gagne à de telles alternatives ; il s'accommoderait probablement mieux d'un état de choses régulier, comme on l'obtiendrait par un droit fixe sur les blés étrangers. Le commerce, libre dès lors dans ses opérations, pourrait toujours agir à temps ; il achèterait toujours à ses heures, c'est-à-dire sur le marché qui présente des prix favorables, et il ne serait jamais réduit à courir au plus pressé, c'est-à-dire à se procurer la denrée n'importe où, et à tout prix. Le mouvement des prix se régulariserait de lui-même, la denrée arriverait à heure déterminée, et elle n'arriverait que dans les moments de besoin : car toute marchandise dont la circulation n'est pas entravée va toujours s'offrir là où il y a demande, là où il y a un bon prix. On peut affirmer que la France ne recevra pas un grain de blé étranger quand les prix seront plus élevés en Angleterre ou ailleurs.

Un autre reproche grave que l'on a fait à l'échelle mobile, ce sont les prescriptions en ce qui concerne la *sortie* des grains.

La loi stipule qu'à mesure que les droits d'*entrée* s'abaissent, les droits de *sortie* s'élèvent; de telle sorte que lorsque les droits d'entrée sont abaissés au prix *minimum* de 25 centimes par hectolitre, les droits de sortie deviennent véritablement prohibitifs.

Ainsi, par exemple (et le fait s'est produit en 1853), le blé chez nous vient à manquer et l'échelle mobile fonctionne. Cependant nous avons une abondante récolte d'avoine et de maïs : l'avoine chez nous ne s'emploie pas en pain, le maïs ne se consomme que dans certaines de nos provinces; grâce au mécanisme de l'échelle mobile, nos cultivateurs, s'ils voulaient vendre ces deux dernières espèces de grains à l'Irlande qui mange le maïs, à l'Angleterre qui ne produit pas assez d'avoine pour ses chevaux, devraient commencer par acquitter un droit de sortie égal à plus de moitié de la valeur. — On en pourrait dire autant de l'orge.

Nous faudra-t-il manger nos orges, notre maïs et en dernier lieu notre avoine, tandis que nous pourrions les échanger, avec un bénéfice, contre du blé que nous préférons et que nous céderaient volontiers nos voisins?

En 1853, le gouvernement a songé à atténuer les inconvénients de la loi en publiant vers le 20 de chaque mois, au lieu du 30, les résultats des mercuriales, documents destinés à fixer les prix régulateurs, ce qui accorde dix jours de plus à notre commerce pour exercer sa prévoyance. Cette publication avancée de dix jours ne détruit pas le vice des mercuriales ; elle ne fait pas que les cours officiels, qui se règlent par quinzaine, ne soient réellement en retard de quinze jours sur les cours du commerce, qui varient au jour le jour. Elle ne fait pas qu'au moment où le tarif du droit d'entrée et de sortie établi d'après le cours officiel sera mis en vigueur, le véritable cours des blés à l'intérieur, qui flotte au jour le jour, n'ait cessé d'être en harmonie, soit en baisse, soit en hausse, avec les mercuriales régulatrices.

Notre commerce a dix jours pour exercer sa prévoyance et pour aller acheter de seconde main à l'Angleterre ; mais le négociant de Londres et de Liverpool, fort au courant du mécanisme de notre loi, nous vend en conséquence. — Et puis si ce mode de s'approvisionner est facile pour nos ports de l'Océan, il l'est certainement moins pour nos ports de la Méditerranée, alors que l'hiver a fermé le port d'Odessa. — Sous le régime de l'échelle mobile, quoi qu'on fasse pour l'améliorer, notre commerce ressemblera toujours à un navire condamné à se servir d'un chronomètre qui manque de précision ; sa marche ne pourra jamais être qu'incertaine, il sera constamment exposé à faire fausse route.

CHAPITRE XIII.

Inefficacité des prohibitions et restrictions au commerce des grains.

Nous avons examiné les moyens qui tendent à augmenter l'approvisionnement : parlons de quelques-uns de ceux qui tendent à restreindre la consommation, et de ceux par lesquels on se flatte d'amener une baisse artificielle sur les prix.

Pour diminuer la demande de grains, les gouvernements anciens manquaient rarement d'ordonner la suspension d'un grand nombre d'industries, la brasserie, la distillerie, la fabrication de fécule, etc., dans les mauvaises années.

Nous trouvons dans l'histoire de France des édits à ce sujet aux dates de 1263, 1416, 1428, et même à celle de 1693. Par ce dernier édit, il fut défendu de brasser des bières blanches et doubles, de distiller des eaux-de-vie de grains, sous peine de confiscation et de 3,000 francs d'amende. Le tiers des grains confisqués appartenait au dénonciateur, et les deux autres tiers étaient donnés aux pauvres.

En Angleterre, la distillation des grains a été interdite de 1795 à 1797, de 1800 à 1802, de 1808 à 1811. Il faut remarquer qu'en Angleterre ces mesures tendaient, en même temps, à venir en aide à la détresse des colonies des Antilles en favorisant la vente du rhum. Le moyen était donc à deux fins, mais il manquait d'efficacité pour l'une et pour l'autre.

Lorsque la cherté des grains est très-forte, la demande de ces denrées moins indispensables diminue, en même temps que leurs frais de fabrication augmentent, en sorte que le prix des produits de l'usine ne s'élève pas dans un rapport constant avec le prix des grains que l'usine emploie comme matière première. Ainsi la disette de 1816 à 1817 fit monter dans l'Allemagne centrale le prix du blé de 400 et même 500 pour cent, tandis que le prix de la bière atteignit à peine 200 pour cent, et celui de l'eau-de-vie 150 pour cent. Le fabricant craint de laisser chômer ses machines, il craint de perdre sa clientèle; il continuera donc à produire tant que la hausse des grains n'aura pas atteint une certaine limite; mais cette limite dépassée, force lui est de restreindre ou même d'arrêter complétement sa fabrication. Or l'intérêt privé est bien plus clairvoyant que l'État pour reconnaître au juste quand le moment est arrivé.

« Et puis, ajoute M. Roscher avec un bon sens germanique, quelle idée de vouloir forcer administra-

tivement tous les citoyens à être économes et sobres!
Au fond, la défense de distiller signifie-t-elle autre
chose qu'aux yeux du gouvernement la majorité des
habitants ne saura pas faire un choix raisonnable entre
un aliment indispensable et une satisfaction fugitive
des sens? Il est peut-être des peuples qui ont besoin d'une
telle tutelle : rangera-t-on le nôtre dans cette catégorie?
Quel que soit le désir qu'on puisse avoir d'accorder
à un gouvernement *parfait* le droit de suspendre au
besoin ces industries, l'État n'étant dirigé que par des
hommes, une atteinte aussi considérable portée à la
liberté des transactions privées offre dix fois plus de
chances défavorables qu'avantageuses. »

Ce même Allemand, qui s'indigne alors que l'État
semble élever la prétention de lui imposer la sobriété
dans le boire, accepte la sobriété dans le manger, que
les États ont quelquefois infligée par la défense de
vendre du pain tendre.

On a eu recours à ce moyen en Angleterre pendant
la cherté de 1800 à 1801. Le pain ne devait être vendu
que vingt-quatre heures au moins après la cuisson.
« On calcule, dit l'Anglais M. Took, que cette mesure
a produit, pour toute l'année, une économie équivalente à la consommation de quinze jours. »

En Allemagne, on fixait un intervalle de quarante-
huit heures entre la cuisson et la vente, probablement
parce qu'on y mange généralement du pain de seigle,
qui conserve plus de fraîcheur que celui de froment.

M. Roscher partant de ce fait constaté par la méde-
cine : que la plupart des personnes prennent habituellement plus de nourriture qu'il n'est nécessaire, con-

clut qu'en rendant le pain d'un goût moins agréable,
on prévient une perte d'aliments.

Je prends la liberté de le renvoyer à M. Payen, qui
a fort bien démontré que le pain nourrit en raison de
la quantité qu'on en mange, et que si l'on a mangé
moins de pain rassis qu'on eût pu manger de pain
tendre, on se trouve, en fin de compte, moins nourri.
— C'est donc en quelque sorte un jeûne que l'État
impose par la défense dont nous parlons. — Quant au
fait qui a servi de point de départ à la conclusion de
l'écrivain, il a parlé, je le crains, en homme de cabinet
qui fait peu d'exercice musculaire, et non pas en
homme qui travaille de ses bras et doit réparer chaque
jour une grande déperdition de forces.

L'État veut économiser une portion d'aliments, à la
condition d'une déperdition de forces dans le citoyen.
Peut-il être agréable au citoyen que ce soit l'État qui
règle un tel détail, et lui enlève l'exercice de son libre
arbitre entre le rassis et le tendre?

Lors de la cherté de 1801, on employa en Angleterre quelques autres moyens analogues. On défendit
aux boulangers la panification d'une farine trop fine,
les meuniers durent laisser beaucoup plus de son dans
la farine. Le roi recommanda dans une proclamation,
et par son exemple, l'usage d'un pain de méteil (mélange de froment et de seigle). Plusieurs lords allèrent
même jusqu'à substituer des pommes de terre au pain.
— A une époque toute rapprochée, en 1847, on a vu
la reine Vittoria, pour encourager son peuple à une
résignation qu'elle conseillait, mais se gardait de
prescrire, ne manger que du pain de deuxième qualité.

De tout cela, sous le rapport de l'efficacité contre le fléau, on peut dire, avec M. Roscher, que « c'est à peu près comme si l'on voulait guérir le croup avec des bonbons. »

Et malheureusement il y a un redoutable inconvénient dans ces ordonnances prohibitoires : elles sont un cri d'alarme, une publication officielle que la patrie est en détresse. — Une panique se répand sur le pays ; le détenteur de grains se refuse à les porter au marché, dans l'attente d'un prix plus élevé ; les acheteurs se présentent en foule et se font concurrence, et dans le doute évaluent leurs besoins plutôt trop haut que trop bas : il s'ensuit que les prix dépassent le véritable taux, en rapport normal avec la situation.

Quant aux mesures qui gênent le commerce intérieur du blé dans le but d'amener une baisse de prix, on a pu s'assurer en tout pays, par une longue expérience, qu'elles ont en définitive produit l'effet opposé.

Vers la fin du seizième siècle, la *réglementation des marchés* en France s'exerçait avec un arbitraire extrême. Un édit de cette époque défendit aux laboureurs, aux personnes nobles, aux officiers du roi, principaux officiers des villes, de faire le commerce des grains.

En 1624, le lieutenant civil publie une ordonnance spéciale pour la police des grains à Paris. Il ordonne à toutes personnes qui voudront se livrer à ce commerce de faire enregistrer leurs noms et demeures au greffe du Châtelet ; de déclarer le lieu et la quantité de leurs achats, de mener leurs grains au marché deux fois par mois au moins. Quant aux marchands forains, ils sont tenus de vendre leurs grains eux-mêmes, ou de se faire remplacer par des gens de leur famille. On leur accordait trois jours pour les vendre. Dans cet intervalle ils en fixaient le prix, et ce prix une fois fixé, ils ne pouvaient plus l'augmenter. Si les grains n'étaient pas vendus le troisième jour, on les mettait au rabais. Défense expresse était faite aux marchands, soit de les remporter, soit de les mettre en dépôt à Paris. Défense était faite en outre à tous marchands d'acheter des grains dans un rayon de dix lieues autour de Paris. D'un autre côté, les boulangers de Paris ne pouvaient aller faire leurs achats qu'à une distance de huit lieues. Il y avait, de la sorte, trois zones d'achats (du moins sur le papier). En dedans du rayon de huit lieues, les laboureurs ou les propriétaires, ne pouvant s'aboucher avec les marchands, venaient apporter eux-mêmes leurs blés au marché. Les boulangers achetaient ou étaient censés acheter directement entre huit et dix lieues ; plus loin, les marchands étaient libres de commencer leurs opérations. Cette réglementation compliquée avait pour objet de mieux assurer l'approvisionnement de la capitale, et elle produisait un effet tout opposé. Paris était l'endroit de France où les disettes étaient le plus fréquentes.

En 1692 et 93, on renouvelle l'obligation imposée aux marchands forains de vendre en personne, et non par facteurs et commissionnaires. « De la sorte, disait-on, les marchands de la ville et les forains se rencontrant ensemble sur les mêmes ports, dans les mêmes marchés, les forains, toujours pressés de retourner à leur commerce ou à leurs affaires, lâchent la main, vendent à meilleur marché. Cela sert encore à entretenir l'abondance, car plus tôt le marchand forain a débité ses grains, plus tôt il s'en retourne et en amène d'autres. » — Qu'arriva-t-il ? Les marchands forains finirent par confier aux marchands de la ville la vente de leurs denrées, si bien que la concurrence qui existait entre les deux classes de marchands, à l'avantage des consommateurs, disparut tout à coup.

L'obligation où se trouvait le marchand de déclarer le montant de ses capitaux, etc., ne pouvait avoir d'autre effet que de le tenir dans une crainte continuelle de mesures violentes, et de le forcer à cacher la vérité.

En général, les premières heures du marché étaient réservées aux achats des consommateurs; plus tard les boulangers pouvaient faire leurs acquisitions ; venait ensuite le tour des revendeurs, et enfin celui des forains. Quelquefois aussi on avait fixé une quantité *maximum* aux acquisitions des boulangers, des pâtissiers, etc.

Il était défendu aux laboureurs de s'associer pour envoyer en ville un agent chargé de vendre leurs denrées ; chacun d'eux ne pouvait se faire représenter pour la conduite de sa récolte que par un membre de sa famille.

Une prohibition qu'on rencontrait souvent, c'était celle de faire hausser les prix dans le courant du marché, de demander pendant la tenue du marché un prix plus élevé que celui par lequel le premier acquéreur avait trouvé à acheter. — Il était en même temps défendu de remporter le blé non vendu, qui devait rester en dépôt dans un lieu désigné jusqu'à la tenue du marché suivant.

L'une de ces dispositions dut engager le cultivateur

à toujours demander au début un prix plutôt trop élevé que pas assez; — l'autre dut l'engager à n'approvisionner le marché que bien au-dessous du besoin.

Ce n'était pas encore là le moyen d'arrêter le mouvement ascensionnel des prix.

Le temps a fait justice de toutes ces restrictions dangereuses. Cependant une incertitude funeste à la prospérité du trafic des grains subsiste encore sur une question d'un grand intérêt.

Peut-on vendre hors des marchés? Ne peut-on vendre que dans les marchés? Cette question, si souvent tranchée par la loi d'une manière différente depuis plusieurs siècles, n'est pas aujourd'hui résolue législativement.

« On pourrait croire, dit M. Émion, l'auteur du traité le plus complet publié tout récemment sur la *législation actuelle du commerce des céréales* ; on pourrait croire, d'après cela, que tout ce qui n'est pas défendu étant permis, la vente des grains peut avoir lieu en dehors des marchés. Ce serait une erreur : d'après plusieurs arrêts, qui bien heureusement ne sont pas restés sans réfutation, elle pourrait être permise ou défendue au gré de l'administration, par des arrêtés municipaux rendus dans la forme obligatoire.

« Le droit pour les maires de prendre une telle mesure est, dit-on, une conséquence de la loi des 16-24 août 1790, qui confie à l'autorité municipale « l'ins« pection sur la fidélité du débit des denrées qui se « vendent au poids, à l'aune ou à la mesure. » C'est là, selon nous, un étrange système; car il ne mènerait à rien moins qu'à laisser l'administration ordonner, si elle le voulait, la fermeture de toutes les boutiques de boucherie, charcuterie, boulangerie, épicerie, etc.

« Dans tous les cas, cette faculté accordée aux maires de permettre ou d'interdire la vente des grains hors des marchés fait le plus grand tort au commerce des grains, parce qu'elle laisse toujours le négociant dans l'incertitude de l'avenir.

« A côté de ce système radical qui sacrifie la sécurité du commerce des grains à un prétendu intérêt général, mal compris selon nous, il en est un autre plus acceptable, et, nous devons le dire, plus généralement adopté aujourd'hui. Il consiste à n'interdire la vente des grains et farines dans les magasins que les jours et aux heures des marchés. Une telle prohibition, dit-on, peut augmenter les ressources trop restreintes des communes. On ajoute qu'elle est plutôt utile que nuisible aux producteurs et aux négociants, la réunion en un lieu déterminé de la masse des grains à écouler devant amener une équitable fixité dans les prix de vente.

« Nous croyons qu'il faut encore rejeter ce dernier système, par le double motif qu'il est dangereux en droit, et qu'en fait il est inutile, puisqu'il consiste à user de l'autorité administrative pour forcer les producteurs et les négociants à faire ce que leur intérêt leur commandait déjà. »

A propos de toutes ces restrictions, on ne saurait trop rappeler la charmante boutade de Voltaire (*Diatribe à l'auteur des Éphémérides*) contre les réglementations sur le commerce des grains.

« Je suis laboureur, et j'ai environ quatre-vingts personnes à nourrir. Ma grange est à trois lieues de la ville la plus prochaine; je suis obligé quelquefois d'acheter du froment, parce que mon terrain n'est pas si fertile que celui de l'Égypte et de la Sicile.—Un jour, un greffier me dit : « Allez-vous-en à trois lieues payer chèrement au marché de mauvais blé. Prenez des commis, un acquit-à-caution; et si vous le perdez en chemin, le premier scribe qui vous rencontrera sera en droit de saisir votre nourriture, vos chevaux, votre femme, votre personne, vos enfants. Si vous faites quelque difficulté sur cette proposition, sachez qu'à vingt lieues il est un coupe-gorge qu'on appelle juridiction; on vous y traînera; vous serez condamné à marcher à pied jusqu'à Toulon, où vous pourrez labourer à loisir la mer Méditerranée. » Je pris d'abord ce discours instructif pour une froide raillerie. C'était pourtant la vérité pure. Quoi ! dis-je, j'aurai rassemblé des colons pour cultiver avec moi la terre, et je ne pourrai acheter du blé pour les nourrir eux et ma famille ! et je ne pourrai en vendre à mon voisin quand j'en aurai de superflu ! — Non, il faut que vous et votre voisin creviez vos chevaux pour courir pendant six lieues. — Eh ! dites-moi, je vous prie, j'ai des pommes de terre et des châtaignes, avec lesquelles on fait du pain excellent pour ceux qui ont un bon estomac; ne puis-je pas en vendre à mon voisin sans que ce coupe-gorge dont vous m'avez parlé m'envoie aux galères? — Oui. — Pourquoi, s'il vous plaît, cette énorme différence entre mes châtaignes et mon blé? — Je n'en sais rien; c'est peut-être parce que les charançons mangent le blé et ne mangent point les châtaignes. — Voilà une très-mauvaise raison. — Eh bien ! si vous en voulez une meilleure, c'est parce que le blé est d'une nécessité première, et que les châtaignes ne sont que d'une seconde nécessité. — Cette raison est encore plus mauvaise. *Plus une denrée est nécessaire, plus le commerce en doit être facile.* Si on vendait le feu et l'eau, il devrait être permis de les importer et de les exporter d'un bout de la France à l'autre. »

De toutes les mesures, la plus désastreuse assurément, c'est la fixation d'un *maximum*. Aucune autorité humaine ne peut exercer sur les prix une influence qui ait la moindre durée, s'il n'est pas en son pouvoir de modifier l'offre et la demande. Il faut être alors ce que fut le gouvernement de la république romaine, ou l'empereur de Chine, ou le sultan, ou le pacha d'Égypte, un conquérant, disant à des populations conquises : « Je vous prends votre blé de vive force, ou je vous en donne tel prix qu'il me convient de fixer. J'ai à nourrir ma population victorieuse, à laquelle je le distribuerai gratuitement, ou pour un prix très-bas. »

Sans nous arrêter aux exemples que fournissent l'histoire ancienne et celle du moyen âge, contentons-nous de la terrible leçon à tirer de l'inefficacité des décrets que notre convention nationale rendit contre la famine. Elle ne négligea aucune des mesures imaginées dans la suite des siècles, et fit un énergique emploi de celle du *maximum*.

Par la loi du 4 mai 1793, tout marchand, propriétaire ou cultivateur était tenu de déclarer à la municipalité les quantités de grains qu'il possédait. Les fausses déclarations étaient punies de la confiscation des grains. Les ventes ne pouvaient avoir lieu ailleurs que dans les marchés, sous peine d'une amende de 300 à 1,000 livres, qui était encourue par le vendeur et par l'acheteur. Les corps administratifs et municipaux étaient autorisés à requérir, chacun dans son arrondissement, tous marchands, cultivateurs ou propriétaires, pour qu'ils vinssent garnir les marchés. Ils pouvaient également requérir les ouvriers pour battre les gerbes, en cas de refus des propriétaires. Nul ne pouvait, sous peine de confiscation, se soustraire aux réquisitions, à moins de prouver qu'il ne possédait pas assez de grains pour sa propre consommation jusqu'à la récolte. Tout individu se livrant au commerce des grains était obligé d'en faire la déclaration à la municipalité. On lui délivrait un extrait de cette déclaration, qu'il était tenu d'exhiber dans les marchés, où des officiers publics écrivaient en marge les quantités qu'il avait achetées. Il était obligé aussi de tenir des registres portant le nom des personnes à qui il avait acheté et vendu. Dans les lieux où il achetait, on lui délivrait un acquit-à-caution, signé du maire et du procureur de la commune. Dans les lieux de vente, on lui en donnait une décharge avec les mêmes formalités, après quoi il était tenu de représenter son acquit-à-caution dans les lieux d'achat; le tout sous peine de confiscation et de 300 à 1,000 livres d'amende. « A cela près, la libre circulation, au dire de la loi, était maintenue. » Enfin la loi ordonnait l'établissement d'un maximum. Pour le fixer, les directoires des districts avaient adressé à ceux des départements les mercuriales des marchés de leurs arrondissements depuis le 1er janvier jusqu'au 1er mai;

le prix moyen devait servir de maximum. Le maximum devait décroître ensuite dans les proportions suivantes : au 1er juin, il devait être réduit d'un dixième ; d'un vingtième sur le prix restant au 1er juillet; d'un trentième au 1er août ; d'un quarantième au 1er septembre. Tout citoyen convaincu d'avoir vendu ou acheté au-dessous du maximum était passible d'une amende de 300 à 1,000 livres. Ceux qui étaient convaincus d'avoir gâté ou perdu volontairement des grains étaient punis de mort; 1,000 francs étaient accordés aux dénonciateurs.

Pour appuyer la loi, un décret fut rendu contre les accapareurs. L'accaparement était déclaré crime capital ; les accapareurs étaient punis de mort et leurs biens confisqués. Le tiers du produit des marchandises dénoncées appartenait au dénonciateur. Tout détenteur de marchandises de première nécessité était tenu de les déclarer à la municipalité, et d'en afficher le tableau devant sa porte. Il devait déclarer ensuite s'il consentait ou non à vendre ces denrées en détail, à tout venant et sans interruption, sous l'inspection d'un commissaire délégué à cet effet. S'il n'y consentait pas, les officiers municipaux mettaient la marchandise en vente pour son compte, en la tarifant au prix courant.

Trois mois après, on renouvela, sous peine de mort, la défense d'exporter, cela va sans dire ; on fixa uniformément le prix des blés à un maximum de 14 livres le quintal, le transport en sus, mais à un prix également maximé ; enfin on établit une commission des subsistances et des approvisionnements, qui fut chargée de pourvoir à l'approvisionnement du pays, soit par des achats de gré à gré, soit par des *réquisitions* ou des *préhensions*. La commission dépensa jusqu'à 300 millions par mois, et eut plus de dix mille employés à son service. Seule, elle eut le droit d'exercer des réquisitions et de diriger les approvisionnements d'un département à un autre. Elle ordonna des achats considérables de grains à l'étranger ; et ces grains, qu'elle achetait au prix moyen de 21 francs en argent, elle les revendait au prix maximum de 17 francs en assignats. Aussi, lorsqu'elle fut dissoute au bout de quinze mois, son déficit s'élevait-il à 1,400 millions. Et pourtant son insuffisance à pourvoir à l'alimentation publique était telle, qu'on agita sérieusement la question d'ordonner un jeûne général et un carême civique.

Comme contraste à ces horreurs et comme enseignement précieux, rappelons la législation qui, à la même époque, régissait la Toscane, et qui datait déjà de presque trente ans.

L'État avait lutté en vain contre une forte disette par toutes les mesures empruntées à la science administrative des siècles précédents. Le nouveau grand-duc, à partir de 1765, résolut de suivre une voie opposée. (C'était au moment même où le gouvernement français émancipait quelque peu le commerce des grains, tout en commettant la faute de créer un bien funeste monopole, d'affermer à une compagnie qui opérait, avec les fonds de l'État, la gestion des *blés du roi*.)

Le grand-duc de Toscane, mieux inspiré et adoptant plus largement les idées économiques du Français Quesnay et de ses disciples, rendit libre la circulation des denrées alimentaires, abolit les droits de douane, et permit à chacun de faire des pains de toute espèce de grains, de tout poids et de tous prix ; il ne prohiba pas même l'exportation.

A peine eut-il affranchi le commerce, que tous les marchés du pays commencèrent à se garnir; et, bien que la Toscane se vît affligée successivement de trois mauvaises récoltes, les suites en furent peu sensibles, comparativement aux années antérieures. — On vit renaître l'agriculture, qui avait décliné depuis le quinzième siècle, par suite de la monopolisation du commerce des grains et de la fixation du prix du blé dans l'intérêt de la population urbaine. — Il convient d'ajouter, fait observer M. Roscher, qu'à l'affranchissement du commerce des grains, le grand-duc n'avait pas négligé d'ajouter le complément indispensable, l'amélioration des voies de communication, et qu'en outre il ordonna le rachat des redevances féodales.

Félicitons-nous de vivre à une époque où notre gouvernement adopte pour principe la grande vérité que Turgot, parmi les hommes d'État, fut le premier à proclamer. Dans un document officiel concernant le commerce des grains, inséré au *Moniteur* du 17 novembre 1853, cette vérité se lit, formulée à nouveau en ces belles paroles : *La substitution de l'État à l'action de l'industrie serait à la fois matériellement impossible, financièrement ruineuse, politiquement insensée.*

CHAPITRE XIV.

Les objections à la liberté du commerce viennent de
deux côtés : du côté des consommateurs et de celui
des producteurs.

On répond aux producteurs par les chiffres officiels
de notre production, que j'ai donnés plus haut ; — par
notre situation de voisins de trois nations chez lesquelles
la population surabonde, et qui sont des nations plus
riches que la nôtre ; — par les causes qui font que
le blé étranger, rendu chez nous, revient plus cher que
la plupart de nos blés indigènes, dès qu'on en introduit une quantité un peu notable. Ces causes sont :
les frais de transport, les bénéfices du commerce qui
s'accroissent à proportion des distances, et surtout la

hausse qui se déclare dans les pays de la production dès que la demande s'accroît.

M. de Lavergne, dans son beau livre *Essai sur l'économie rurale de l'Angleterre*, fait remarquer que l'introduction en franchise de droits de toute espèce de subsistances n'a pu faire tomber au niveau des nôtres les cours de cette île (que l'on peut qualifier petite, si on la compare à notre territoire), bien que la puissance de ses capitaux et de ses moyens de transport y fasse affluer aujourd'hui les blés et la viande de tous les points du globe. Il devient donc impossible de craindre une invasion de grains étrangers ; car les Anglais, les Hollandais et les Belges sont là pour les payer plus cher que nous, leur population étant proportionnellement plus nombreuse, sachant placer mieux sa main d'œuvre, et plus riche que la nôtre.

Quant aux esprits timorés parmi les consommateurs, s'il en est qui croient encore sérieusement aux accapareurs, dans le sens qu'on attachait à ce mot avant notre époque, et s'ils s'obstinent à voir un danger dans un commerce des grains accessible à tous les capitaux, examinons ce qu'il peut y avoir de fondé dans leurs craintes.

« Je suppose, dit M. de Lavergne, une ville assiégée, privée de toute communication avec le reste du monde. Un marchand unique (j'en suppose un seul pour rendre l'hypothèse plus frappante) a du blé dans ses magasins ; le reste de la population en manque. Il est clair que ce marchand est maître absolu de la vie et de la mort de ses concitoyens ; il peut mettre à son blé le prix qu'il veut, surtout s'il n'en possède qu'une quantité insuffisante pour nourrir tout le monde jusqu'au moment où les communications seront rétablies. » M. de Lavergne, M. Roscher, M. Robert de Mohl, et certainement toute personne raisonnable, admettent que dans ce cas l'autorité publique a le droit et le devoir de violer la propriété du marchand, de s'emparer de son blé moyennant indemnité, et de le distribuer de façon à éviter ou du moins à retarder la famine.

« Au lieu d'une ville assiégée, je suppose un petit pays producteur de blé, mais dépourvu de toute autre richesse, et entouré de nations puissantes, riches, qui manquent de subsistances et qui en ont défendu l'exportation. Je suppose que tout le blé de ce pays soit entre les mains d'un petit nombre de propriétaires ou de marchands sur le point de le vendre, à un très-haut prix, aux nations voisines et de se sauver avec leur argent : j'admets que le gouvernement a le droit et le devoir de défendre l'exportation des grains.

« Enfin je suppose que dans un pays déjà en proie à la disette, où les arrivages sont interrompus, un spéculateur ait accumulé dans son grenier tous les grains disponibles, et qu'alors, pour donner plus de valeur au reste, il en détruise une partie, soit en les brûlant, soit en les jetant à l'eau, ou seulement qu'il les cache ou refuse d'en vendre autrement qu'à un prix exorbitant : j'admets encore que l'autorité locale a le droit et le devoir d'y mettre ordre.

« Dans ces différents cas, il y a lieu d'appliquer le principe juridique : Excès de droit, excès d'injustice ; *Summum jus, summa injuria.* »

18

Mais, à part ces circonstances suprèmes, tellement exceptionnelles qu'on peut les regarder comme de pures hypothèses, le plus sûr remède à ce danger d'accaparement que redoutent les consommateurs, le plus sûr moyen de niveler les prix, d'assurer les approvisionnements, c'est la liberté du commerce. Remarquez, en effet, que dans les hypothèses que nous venons de poser le commerce manque; son absence seule justifie les mesures violentes.

L'*accapareur*, cet être odieux qui aujourd'hui est passé à l'état de fantôme, encore effrayant pour tant d'imaginations, a existé, il est vrai et malheureusement trop vrai; mais il a fallu pour cela une réunion de circonstances qui ne se reproduiront pas : un commerce enchaîné par des restrictions de toute nature et concentré dans un petit nombre de mains, soumises à des vexations sans nombre; à côté de lui une compagnie jouissant d'un monopole et opérant avec les capitaux de l'État, dans un pays où les moyens de communication manquaient presque absolument, aussi bien pour la pensée que pour les produits matériels, sous un despote dégradé par l'orgie, qui croyait de sa dignité de braver en tout l'opinion, et qui pour toutes lumières s'éclairait des caprices d'une maîtresse et des exigences de cupides favoris.

Un grand roi, Louis XIV, animé de bonnes intentions, pour créer une réserve, un grenier d'abondance (les meilleurs esprits croyaient alors à l'efficacité possible d'une réserve par l'État), Louis XIV avait fondé l'administration des blés du roi. Le système de réserve servit peu; il n'empêcha pas la France d'être cruellement éprouvée par la famine pendant les sept dernières années de ce règne brillant. Elle l'avait été déjà aussi rudement dans les années 1693 et 94, et l'on avait pu qualifier d'affreuse disette toute la période qui suivit jusqu'en 1702.

Sous Louis XV, en 1763, le contrôleur général Laverdy, le même qui délivra le commerce des grains encore dans l'enfance de quelques-unes de ses entraves, se disant que l'administration des *blés du roi* fonctionnerait plus activement, et rendrait des services comme réserve si on y introduisait l'élément de l'intérêt privé, afferma la gestion de ces blés à une compagnie. Par une bizarre inconséquence il ne se doutait pas du coup porté ainsi au commerce privé, que ses autres mesures tendaient à encourager.

Le capital de cautionnement de cette compagnie était de 180,000 francs divisés en dix-huit actions, ou *dix-huit sous* d'intérêt, comme on disait alors. Les opérations commencèrent le 1ᵉʳ septembre 1765, sous la direction du nommé Malisset, ancien boulanger meunier. Le contrat de société passé pour la manutention des blés du roi entre les sieurs Leray de Chaumont, Rousseau, Perruchot et Malisset, se trouve dans *la Police de Paris dévoilée*, de P. Manuel, procureur de la commune de Paris.

En 1766, la part attribuée à chaque action fut de 2,000 livres, ce qui faisait 20 pour 100 de bénéfice. Ce chiffre n'était pas exorbitant, mais la compagnie n'en devint pas moins odieuse (comme le fait remarquer M. Molinari, dans son bel article *Céréales* au *Dictionnaire de l'Économie politique*), parce qu'elle était seule autorisée alors que les associations ou coalitions entre marchands de grains continuaient d'être défendues ; ensuite, parce qu'elle opérait avec les fonds de l'État, et qu'elle faisait, en conséquence, une concurrence meurtrière au commerce privé. On a prétendu que les principaux personnages de l'État et le roi lui-même se trouvaient intéressés dans ses opérations. Quoi qu'il en soit, la compagnie ne tarda pas trois ans après, sous le ministère Terray, à se signaler tristement par d'ignobles manœuvres et par les plus effroyables abus.

L'un des premiers actes de Turgot, élevé au ministère par Louis XVI, fut de supprimer la manutention des blés du roi, et de faire vendre tous les grains qui restaient en magasin (environ 170,000 setiers). Cependant le gouvernement, marchand de grains, avait jeté dans ce commerce une perturbation funeste ; et il avait encouru, mérité peut-être le reproche d'exploiter à son profit la faim du peuple. Le PACTE DE FAMINE (c'est ainsi qu'on avait qualifié le contrat de la société) devait devenir plus tard un grief redoutable dans la bouche des ennemis de la royauté.

Lorsque les famines de 1789 et 93 sévirent sur la patrie, que déchiraient les factions, le souvenir des faits d'accaparement par les fermiers de la société du pacte de famine, sous le ministère Terray, était dans toute sa force. Le mot accapareur devint une arme dont chaque parti se servit pour appeler la haine publique sur le parti adverse. Le souvenir a été chaque jour s'affaiblissant, on a oublié les noms et les faits de détail ; mais une terreur vague persiste encore dans

beaucoup d'esprits des classes les moins éclairées, et
dans chaque commune il existe des gens toujours prêts
à voir en temps de cherté une manœuvre perfide dans
l'acte du commerçant qui enlève une portion des grains
de la commune. Ce préjugé est un triste legs que nous
avons hérité de la génération précédente : la faute des
pères retombe sur les fils.

On conçoit l'accaparement possible s'il s'agit de
certaines denrées dont la consommation n'est pas
très-étendue, qui n'existent qu'en quantité peu considérable, et dont le marché ne peut se réapprovisionner
rapidement par de nouveaux arrivages. — Dans les
ports de mer, par exemple, certains produits exotiques,
d'une provenance éloignée, et dont l'approvisionnement
se fait par des opérations qui n'ont pas une suite constante et régulière, peuvent se trouver parfois en quantité insuffisante relativement à la demande, et l'accaparement de ces articles, par un seul ou par un petit
nombre de détenteurs, peut alors permettre d'en élever plus ou moins le prix. — Mais dans notre civilisation actuelle, dès que la denrée est d'un usage tant soit
peu général, vînt-elle des pays lointains, les envois
par les spéculateurs sont si multipliés et si fréquents,
les approvisionnements mis à la portée du consommateur sont si considérables et si divisés, qu'on peut
dire que l'accaparement est à peu près impraticable,
à moins de restrictions législatives très-énergiques
imposées au commerce, ou d'un cas de force majeure
en temps de guerre; et même encore dans ces deux cas
on a toujours vu la contrebande réussir à rétablir à
peu près l'équilibre normal.

Plus le commerce est libre et les moyens de transport perfectionnés, et plus l'accaparement devient difficile, même aux époques où la denrée devient rare.

Certainement de toutes les denrées les céréales sont celles qui se prêtent le moins à une telle opération. S'il ne s'agissait que d'un seul marché ou d'un petit nombre de marchés, il pourrait suffire de la coalition de quelques spéculateurs pour faire le vide, pour accaparer; mais quand on travaille sur un marché aussi immense que celui de la France, et servi par des voies de communication, dès que le vide se manifeste quelque peu sur un point, les grains s'y portent naturellement de tous les autres points; chaque commerçant le sait, et personne ne s'expose à faire des hausses artificielles qui attireraient à coup sûr et sur-le-champ des concurrences.

Supposons pour un instant que s'organisent dans l'ombre des associations d'accapareurs. Pour que, dans un pays tel que la France actuelle, elles pussent retirer de la circulation une quantité de grains suffisante pour déterminer une hausse de quelque importance dans les prix, il faudrait qu'elles eussent à leur disposition d'immenses capitaux, et qu'elles établissent sur tous les points du pays de vastes magasins, afin d'y concentrer une partie des approvisionnements existants. Or cette opération ne pourrait s'accomplir sans produire une hausse rapide des prix de la part des producteurs qui ont à vendre, et sans faire ainsi échoir à ces derniers le bénéfice qu'auraient cherché à s'attribuer les accapareurs.

Les céréales de toute une moisson ne s'apportent

pas en bloc et en un mois sur le marché. Les récoltes y sont présentées à peu près par douzième, comme l'impôt chez le percepteur, et se consomment du même pas.

Les accapareurs ont réussi, je suppose, à détourner de la voie normale et à concentrer dans leurs magasins un douzième de la moisson générale, et ils se mettent à faire la hausse. Qu'arrive-t-il? Les accapareurs sont obligés, contre leur intérêt manifeste, d'acheter en hausse, à leur tour, les onze autres douzièmes après le premier.

Outre la concurrence à soutenir des détenteurs qui n'auront pas voulu leur livrer, ils auront encore à soutenir celle des arrivages quotidiens de l'extérieur. Fiez-vous au grand commerce maritime pour opérer à l'instant une baisse énergique. Je partage l'opinion de M. Modeste, l'auteur d'un livre écrit avec verve et un bon sens exquis : *La cherté des grains, et les préjugés populaires qui déterminent les violences dans les temps de disette.* Je dirai avec lui :

« Je crois peu aux surélévations factices en pareille matière. Pourquoi? Parce qu'il ne s'agit pas ici d'un marché limité comme celui de la rente à la Bourse, où l'on sait précisément l'étendue, qui relativement n'est pas fort considérable; auquel rien du dehors ne vient faire concurrence; où par conséquent on sait quelle est la masse de capitaux nécessaire pour obtenir un degré quelconque d'action, et où l'on trouve enfin, il faut le dire, une plèbe de spéculateurs crédules, mal renseignés, faciles à tromper, à leurrer, à épouvanter tour à tour; parce qu'il s'agit ici. au contraire, d'un marché presque sans limite, qui va jusqu'aux frontières avec un prix, — à mille lieues plus loin avec un tiers en sus, — à deux mille lieues avec le double, — sur lequel une hausse de 2 ou 3 francs par hectolitre appelle aussitôt la concurrence de dix moissons étrangères, concurrence qui renverse tous les calculs, nivelle d'un coup tous les cours, rétablit les prix les plus combattus, accable les capitaux les plus considérables et les plus énergiquement maniés. »

Enfin, il faudrait, pour que l'opération fût tentée, une coalition nombreuse, et répandue sur tout le territoire, d'hommes très-riches, tellement insensés qu'ils oubliassent les dangers à encourir, — pour leurs capitaux d'abord ; car c'est précisément en temps de rareté que des manœuvres de cette nature offriraient le plus de risques de perte et le moins de chances de bénéfice, — et aussi pour leurs personnes ; car, sans parler de l'exécration publique, certainement la vindicte des lois ne manquerait pas de les atteindre à leur début ! Une coalition nombreuse d'hommes très-riches, forcés d'employer des agents en foule et dans toutes les classes, aurait peu d'espoir de dérober la trace de ses manœuvres à l'œil de la police.

Les articles 419 et 420 de notre Code pénal prévoient et punissent toutes les entraves portées, par méchanceté ou intérêt, à la liberté du commerce de toute denrée.

Le premier frappe « tous ceux qui, par des faits faux et calomnieux semés à dessein dans le public, par des sur-offres faites aux prix que demandaient les vendeurs eux-mêmes, par réunion ou coalition entre les principaux détenteurs..... tendant à ne pas vendre ou à ne vendre qu'à un certain prix, ou qui, par des *moyens frauduleux quelconques*, auront opéré la hausse ou la baisse du prix.... au-dessus ou au-dessous des prix qu'aurait déterminés la concurrence naturelle et libre du commerce. »

Et, d'après l'art. 420, la peine est d'un emprisonnement de deux mois au moins et de deux ans au plus, et d'une amende de 1,000 francs à 20,000 francs; les coupables peuvent en outre être placés sous la surveillance de la haute police pour cinq ans au moins et dix ans au plus. ·

Latitude grande est, comme on voit, laissée à l'interprétation, de la part des juges, de ces mots *moyens frauduleux quelconques*, « parce que, est-il dit au rapport du conseiller d'État, les moyens de commettre le délit prévu par cet article, qui s'applique à tous les genres de commerce, étaient si multipliés, qu'il ne serait pas plus facile de les détailler que de les prévoir. »

Un facile moyen de combattre victorieusement le préjugé, et de dissiper la vague terreur parmi nos classes inférieures, serait de fouiller dans les archives judiciaires, à partir de la promulgation du Code, d'y relever les noms des coupables qui ont été mis en jugement pour entrave au libre commerce des grains, de constater combien de coalitions d'accaparement ont pu être tentées, le nombre et la condition des membres, sur quelle échelle de capitaux ils prétendaient opérer, etc. On conduirait ainsi le public droit au fantôme, comme on conduit le cheval peureux jusque sur l'objet qui lui fait ombrage ; et cette fois le fantôme s'évanouirait pour toujours.

Un accaparement de grains sur une échelle assez vaste
pour agir sur les prix d'une manière dommageable
est radicalement impossible.

Il faudrait des moyens analogues à ceux qui furent
employés pour l'association du pacte de famine, c'est-
à-dire la connivence et le concours de l'autorité publique ; or le degré actuel de notre civilisation nous
garantit contre tout retour d'un concours de circonstances aussi déplorables.

CHAPITRE XV.

Par qui est fait le commerce des grains. — A qui il est interdit. — Quel est le rôle du blatier, — celui du commerçant, — celui du spéculateur à long terme.

Au point de vue de l'économiste, on distingue dans le commerce des grains quatre classes :

1° Cultivateurs. Le vieux dicton, que le cultivateur devrait toujours posséder trois récoltes à la fois : l'une dans les champs, l'autre au grenier et la troisième dans sa bourse, est difficilement réalisé dans la pratique, et la chose n'est même pas désirable. — M. Roscher pose un autre principe : que le cultivateur conserve tou-jours en magasin une quantité égale à celle qu'il a l'habitude de vendre dans l'intervalle d'une récolte à l'autre, ce qui suppose déjà une certaine aisance. — Ainsi, ajoute M. Block, celui qui récolte, par exemple, 60 hectolitres de blé en emploie 8 comme semence, et en consomme peut-être 15 dans son ménage, de sorte qu'il ne peut vendre, tout au plus, que 37 hectolitres.

2° Industriels qui emploient le grain comme matière première : meuniers, boulangers, brasseurs, distillateurs, etc., et qui sont obligés de renouveler sans cesse leur approvisionnement.

3° Marchands qui ne spéculent qu'à de courtes périodes et sur de faibles quantités. — Tels sont les prétendus accapareurs, ou blatiers proprement dits, qui vont acheter du blé chez les cultivateurs pour le revendre le lendemain dans les villes, ou l'achètent au marché et souvent le revendent avant le jour du marché suivant ; — les fournisseurs à terme qui rassemblent, à des prix convenus d'avance, des provisions pour un consommateur collectif, une armée, une commune ou un grand négociant.

Ces petits commerçants courent moins de risques que ceux de la classe suivante, parce qu'ils connaissent d'avance leur débouché et le prix de la marchandise.

4° Marchands en gros qui spéculent en grand, et étendent leurs prévisions d'une année à l'autre et à tous les pays. Sur eux pèsent les chances les plus défavorables. Ce commerce s'établit surtout dans les grandes villes maritimes, où la consommation locale est considérable, où l'abondance des capitaux permet le crédit à long terme, etc.

Ces quatre classes correspondent à quatre degrés ou époques du commerce des grains par lesquels chaque contrée doit passer successivement avant de le voir prendre toute son importance.

Dans une contrée peu avancée en civilisation, le cultivateur et l'industriel, et même le consommateur, se donnent rendez-vous à jour fixe sur le marché. — Ce n'est que plus tard que le blatier vient à la ferme et se transporte chez le marchand de la ville voisine. — Le grand commerce maritime complète enfin l'édifice.

Dans notre législation française, le seul moyen de reconnaître les actes constituant le commerce des céréales, c'est de prendre pour base le principe posé par l'art. 632 du Code, d'après lequel est réputé acte de commerce « tout achat de denrées ou marchandises pour les revendre. » La spéculation est le caractère constitutif de l'opération commerciale, à la condition qu'elle a été la cause déterminante de l'achat et a présidé aux deux parties de l'acte, c'est-à-dire à l'achat et à la revente.

Ainsi, le cultivateur ne fait pas acte de commerce quand il vend sa récolte seulement.

Le commerce des grains est interdit à certains fonctionnaires dont l'influence pourrait être funeste. L'article 176 du Code pénal dit : « Tout commandant des divisions militaires, des départements ou des places et villes, tout préfet ou sous-préfet qui aura, dans *l'étendue des lieux où il a droit d'exercer son autorité,* fait ouvertement ou par des actes simulés, ou par interposition de personnes, le commerce de grains, grenailles, farines, autres que *ceux provenant de ses propriétés,* sera puni d'une amende de 500 fr. au moins, de 10,000 fr. au plus, et de la confiscation des denrées. »

Ce commerce est également interdit aux courtiers de marchandises, « qui, dit le Code, ne peuvent s'intéresser directement ou indirectement, sous leur nom

19

ou sous un nom interposé, dans aucune entreprise commerciale; »

Aux facteurs et factrices chargés de la vente des farines en gros à la halle de Paris,

Et, par un décret de 1854, au directeur, au caissier et à tous employés ou agents de la caisse de la boulangerie.

Le commerce est exercé aujourd'hui par :

Les blatiers, les marchands en gros de grains et farines, les marchands de farines en détail. Ils ont chacun un genre de commerce différent, et sont simplement soumis à un droit de patente, comme les autres commerçants de toute denrée.

La matière est régie par la loi du 21 prairial an V, dont l'art. 4 est ainsi conçu : « Les marchands de grains et les blatiers ne seront plus assujettis à se munir de bons de municipalité, mais ils seront tenus de se pourvoir de patentes. »

Le commerce du blatier consiste à acheter le grain pour le revendre sans en changer l'état. — Le blatier est celui qui achète du grain chez le cultivateur pour le revendre ; celui qui transporte le grain n'est qu'un voiturier, et non un blatier.

« Les marchands en gros sont ceux, dit M. Duvergier, qui ont pour but principal de faire des ventes en gros, quand bien même ils feraient accidentellement quelques ventes en détail. »

Les fournitures faites, par exemple, aux administrations de la guerre, de la marine, des prisons, et même celles faites à de grandes compagnies industrielles, à des usiniers qui nourrissent chaque jour un grand nom-

bre d'ouvriers, sont, aux yeux de la plupart des juris-
consultes, des ventes en gros qui, répétées, consti-
tueraient le commerce en gros. Le marchand de farine
en détail est celui qui ne vend habituellement qu'aux
consommateurs.

C'est sur la personne du blatier, qui court de ferme
en ferme, de marché en marché, à la recherche des
grains, que se concentre aujourd'hui le reste de la
vieille haine qui s'attachait à la personne de l'accapareur. Un Allemand, M. Schmalz, dans son traité *d'économie politique* traduit en français par M. Jouffroy, a
parfaitement mis en lumière l'utilité de ces prétendus
accapareurs, au double point de vue de l'intérêt des
cultivateurs et de l'intérêt des consommateurs.

« Considérez, dit-il, la position d'un paysan qui,
pour pouvoir vendre les productions de sa ferme ou
de son champ, se voit dans la nécessité de les charrier
lui-même à la ville, ou de les y faire transporter sur
des hottes par les différents membres de sa famille. Il
ne peut pas même choisir le jour qui lui conviendrait
le mieux; il faut qu'il attende celui du marché. Dès
la veille il se prépare pour sa course, car il doit arriver
de fort bonne heure au marché; il met en ordre ses denrées, et part de son village en chariot ou à pied. Il voyage
toute la nuit, arrive de grand matin à la ville, y reste
jusqu'au milieu du jour et même plus tard pour effec-
tuer sa vente, repart et rentre chez lui le soir, excédé de
fatigue. Voilà deux jours entiers de perdus pour l'économie rurale, qui ne permettrait pas un seul moment
de relâche, et qui réclame à tout instant l'exécution
d'un travail utile. Le lendemain encore, à quoi pour-

ront s'occuper hommes et bêtes fatigués de la course?

« Supposons que vingt femmes d'un village, chacune chargée d'une couple de poulets, d'une douzaine d'œufs, de quelques livres de beurre et de quelques fromages, se rendent au marché. Pendant tout le temps qu'elles passeront ainsi hors de leur ménage, que de travaux n'auraient-elles pas pu faire aux champs, au jardin, dans les étables et dans l'intérieur de leur maison? Elles y auraient filé ou tricoté des bas pour leurs enfants, qui maintenant courent nu-pieds, au préjudice de leur santé, et qui par là même prouvent clairement la misère qui règne dans le village. La moindre petite charrette, un cheval, un prétendu accapareur, auraient suffi pour transporter à la ville le chargement de vingt hottes, et auraient épargné deux jours de peines et de fatigues à vingt ménages.

« Souvent même le chariot des paysans qui se rendent en ville ne contient pas, à beaucoup près, une charge complète; et chacun d'eux n'ayant ainsi que quelques boisseaux de grains sur sa voiture, il faut dix hommes et vingt chevaux pour le transport de quelques sacs. Un accapareur eût facilement pu les charger sur un seul chariot; et il aurait encore épargné deux jours d'absence à dix hommes et à vingt chevaux enlevés aux soins et aux travaux de l'agriculture.

« L'assertion que le blatier ou l'accapareur profite, pour enlever à ces gens de la campagne leurs denrées, du moment même où ils manquent d'argent, est sans fondement et dénué de sens. Si le paysan vendait à cause de la pénurie d'argent dans laquelle il se trouverait, ce ne serait incontestablement qu'afin de se tirer d'embarras. Or imagine-t-on qu'il lui serait plus avantageux de rester dans cet embarras? D'ailleurs si le blatier offre trop peu, le paysan ne manquera pas de se rendre lui-même au marché. — Il est vrai qu'en général le blatier achètera moins cher au paysan que le paysan n'aurait vendu au marché; mais cela est fort naturel, puisqu'il prend sur lui le transport, le temps et l'embarras de la vente, et qu'il fait ainsi retrouver au paysan deux jours de travail qui valent mieux pour lui que ce qu'il aurait obtenu de plus au marché.

« L'existence des blatiers ne fait pas plus renchérir les denrées pour les habitants des villes; car si leur bénéfice est considérable, au lieu de dix il s'en trouvera bientôt vingt qui chercheront à vendre au rabais les uns des autres. Dans les campagnes, ils s'efforceront de s'enlever réciproquement les vendeurs, en offrant les plus hauts prix possibles; dans les villes, ils chercheront à attirer les acheteurs, en donnant à aussi bas prix qu'ils pourront le faire. D'ailleurs, l'habitant des villes est bien aussi obligé de payer au paysan, qui vient lui vendre lui-même ses denrées au marché, les frais de voyage et de transport. Or, quand aurait-il payé meilleur marché? Sera-ce lorsque les marchandises qu'un seul blatier aurait transportées avec quatre chevaux auront été transportées par dix hommes et vingt chevaux? Sous tous les rapports donc, rien n'est plus avantageux que le prétendu accaparement si généralement détesté. »

Les services que rend le blatier sur une petite échelle de capitaux et sur un territoire peu étendu, le marchand en gros, le grand spéculateur les rend dans des proportions plus vastes. Le blatier prévoit dans de courtes limites et à des termes rapprochés. Le grand spéculateur, placé plus haut, promène sa vue sur le territoire national et quand il le faut sur le globe, et, mieux renseigné, prévoit loin dans l'espace et aussi dans le temps.

Sa devise est : pour racheter bon marché, vendre cher ; il le confesse crûment, et tout le monde y va trouver son avantage. Les marchés disséminés sur le territoire national et sur le globe offrent à un même jour des prix inégaux, qui lui indiquent qu'ici il y a demande, et que là au contraire il y a offre.

Il donne ordre d'acheter là où les prix sont bas, c'est-à-dire qu'il va prendre les grains là où ils abondent et peut-être surabondent. Il rend à cette localité le service de lui porter, en échange de son grain, la denrée argent là où elle manque, là où l'on a le plus besoin de vendre.

Et n'ayez pas peur qu'il soit maître d'acheter à trop bas prix. Partout où les voies de communication existent, l'intérêt personnel amènera toujours plus d'un commerçant auprès d'un vendeur. La concurrence les stimule, et l'intérêt personnel décidera toujours l'un d'eux à saisir une affaire assez tard pour qu'elle lui présente un prix avantageux, assez tôt pour que ce prix assure au vendeur une rémunération acceptable.

L'affaire conclue, il se met à la recherche des hauts prix, car il veut revendre cher. Cette fois encore, il rencontre un obstacle puissant à ses prétentions s'il se montre trop cupide. « La même force que nous avons vue fonctionner à l'un des pôles du monde commercial, l'achat, vient fonctionner à l'autre pôle, la vente » (c'est l'heureuse expression de M. Modeste). Nous venons de voir la concurrence protéger le producteur et prévenir l'avilissement des prix ; cette fois elle protégera le consommateur et préviendra l'exagération. L'intérêt personnel suscitera toujours plus d'un commerçant à l'entour du consommateur. Jamais commerçant ne laisse échapper un prix de vente acceptable qu'on lui offre ; il a trop peur de voir un confrère s'en emparer pendant qu'il tarde.

D'ailleurs l'intérêt du commerçant qui achète à bas prix sur un marché pour revendre cher sur un autre, c'est de multiplier ses opérations par un roulement continuel de son capital, de rentrer dans son argent à brefs intervalles pour recommencer une opération nouvelle. Il est plus facile, il y a plus de sûreté et presque toujours plus de profit à se contenter d'un faible bénéfice répété sur un grand nombre d'opérations rapides, qu'à chercher un gros bénéfice par une seule qui emploie le capital pour un long terme.

A côté des services du commerce spéculant dans l'espace, il y a les services du commerce qui prévoit et spécule dans le temps ; et ceux-ci ne sont pas d'une moindre utilité, dans l'intérêt de la société entière.

Au lieu d'acheter à bon marché sur un point pour revendre cher sur tel autre point de l'espace, le commerce achète à bon marché sur un point du temps, c'est-à-dire dans une année d'abondance, pour revendre cher sur un autre point du temps, c'est-à-dire dans une année moins bonne.

L'abondance allait avilir les prix, introduire le gaspillage, au lieu de la consommation prudente et régulière : le commerce en achetant à ce moment rend à l'agriculture le service de maintenir la consommation dans une bonne limite, et de lui assurer l'argent dont elle a besoin pour reprendre son travail et fabriquer la prochaine récolte. Le commerce emmagasine et garde (on comprend avec quel soin) ce grain qui lui représente un capital transformé, et accru d'un bénéfice dans l'avenir.

Conserver pour revendre plus tard, c'est se ruiner si la baisse vient, ou seulement si les prix se maintiennent ; donc, acheter pour revendre plus tard, c'est croire à la hausse dans un avenir déterminé, et croire d'une foi bien vive, puisqu'on risque sa fortune. Pour former cette conviction robuste il a fallu des éléments : or, l'habitude d'observer certains faits, de calculer certaines chances. Voilà donc, au milieu d'une multitude insouciante et qui vit au jour le jour, une classe d'hommes qui est intéressée à acquérir la science de prévoir : c'est encore là une chose utile pour la société.

Vient le jour où les grains deviennent rares et la hausse, attendue par le spéculateur, se déclare : pensez-vous qu'il reste maître de persister à garder, afin de revendre aussi cher qu'il le voudrait ? Non vraiment. Nous avons vu, au chapitre précédent, comment la concurrence étrangère, intervenant sur le marché, l'agrandit tout à coup et de plus en plus, à mesure que les prix atteignent tel ou tel chiffre au delà du prix des temps ordinaires. — Par suite des économies qui s'introduisent dans la consommation, et puis des importations qu'ont déterminées les hauts prix, le jour de la réaction arrive, la rareté cesse ou l'on peut prévoir qu'elle va cesser sur les marchés.

Parmi les spéculateurs qui ont conservé, celui-ci s'est décidé à vendre au moment convenable; il a obtenu un bon prix rémunérateur, parce qu'en définitive il a rendu service en achetant quand on avait besoin de vendre, en revendant quand on a besoin d'acheter. — Cet autre, par de faux calculs, par excès d'avidité, attend trop longtemps pour revendre; il se flatte de déterminer une hausse factice en continuant à garder quand la rareté est finie et la consommation assurée. Celui-là vend en baisse, d'autant plus en baisse qu'il s'est trompé, qu'il a failli davantage. Le plus souvent c'est l'exécution d'un capital, d'une fortune, c'est la ruine complète du spéculateur.

De ce jeu des intérêts personnels agissant en face les uns des autres en pleine liberté et dans toute leur vivacité, sans déperdition aucune des forces sociales, il résulte donc toujours et infailliblement :—prime convenable assurée à la prévoyance qui a prévenu le gaspillage au moment de la surabondance ; — prime convenable assurée aux excellents soins prodigués pour la conservation de ce grain dont la population ne sent pas le besoin; — prime convenable assurée à la modération intelligente qui se contente d'un bénéfice raisonnable en consentant de livrer ce grain, sa propriété, à la population qui le lui redemande, — châtiment terrible, plus sévère que celui qu'imposerait aucun tribunal, pour la stupide et brutale avidité qui prétendait exiger une récompense exagérée pour le service rendu.

C'est au commerce que les nations les plus civilisées abandonnent aujourd'hui le soin de prévoir les besoins et d'y satisfaire; et, bien que gêné encore dans son allure par une législation qui conserve vis-à-vis de lui une certaine méfiance, reste des préjugés anciens, le commerce a déjà fait disparaître chez ces nations les mots de famine et de disette; elles ne connaissent plus que celui de cherté du pain. Sur aucun point le marché ne court plus risque de rester dégarni; le pain se paye un prix plus élevé, parce qu'il a fallu transporter les grains de plus loin, mais ceux-ci ne manquent plus désormais.

Les faiseurs de projets d'approvisionnement pour la France entière, soit par l'État, soit par des compagnies avec monopole, se complaisent à citer les paroles de Napoléon Ier en 1812, au moment de son départ pour la campagne de Russie : « Le pain, me dites-vous, sera cher, mais il ne manquera pas. Aux riches, sans doute? Et de qui donc nous occupons-nous depuis deux mois que, pour les subsistances, je suis retenu à Paris? Des riches, je ne m'en occupe pas ; je sais qu'avec de l'or on trouve de tout dans le monde. Mais je veux que le peuple ait du pain, qu'il en ait beaucoup, du bon, et à bon marché; que l'ouvrier puisse nourrir sa famille avec le prix de sa journée. »

Cette sollicitude pour la nourriture du pauvre est touchante, elle honore le grand monarque. Mais quand la saison a été mauvaise, que le grain de l'année manque, nul pouvoir humain ne peut faire que le grain apporté pour suppléer le déficit, et que l'épargne de grain de la récolte précédente, emmagasinée par le spéculateur prévoyant, ne soient grevés, en outre des frais de production : l'un de frais de transport, l'autre de frais de conservation. Le pain est donc nécessairement plus cher qu'en temps ordinaire ; chaque portion de grain consommée représente une égale valeur, qu'elle serve à l'alimentation du riche ou du pauvre.

Pour satisfaire au premier désir du monarque, « Je veux que le peuple ait beaucoup de pain, » il faut de toute nécessité que le commerce en apporte, ou que la prévoyance ait une épargne à livrer. Nous avons vu dans l'histoire de la disette de 1812 combien la prévoyance par l'État fut tristement impuissante, et comment, en face de l'impérieuse concurrence du *grenier d'abondance*, et sous le coup de mesures arbitraires, l'action du commerce fut paralysée à un tel point, que dans certains départements la disette devint famine. Ce fut là une déplorable et heureusement dernière leçon, dont les gouvernements de la France se sont souvenus. Depuis lors, à chaque époque de cherté, on voit tomber une à une les mesures restrictives ; et à chaque garantie de liberté qu'on lui donne, le commerce fonctionne de mieux en mieux.

Pour remplir la seconde condition : que le peuple continue à avoir le pain à bon marché, alors même que le grain représente une plus grande valeur, il faut nécessairement établir que la différence de prix incombera à la charge de quelqu'un. Il faut que soit effectuée une avance de fonds, à titre de prêt ou de don gratuit. Mais nourrir tout le peuple à bon marché pendant un temps de cherté, qui par malheur se prolonge des mois et même plus d'une année, exigerait une avance de capitaux que le gouvernement lui-même ne pourrait réaliser. Napoléon Ier a éprouvé douloureusement en cela que le mot *impossible* a par malheur un sens. Dans la terrible crise de 1812, non-seulement toutes les bouches n'ont pas eu le pain à bon marché, mais il a manqué du pain dans beaucoup de localités.

Depuis lors, le gouvernement a restreint son rôle à nourrir à bon marché certaines parties de la population, celle de la capitale et des grands centres, par exemple, où l'excès de misère et la faim peuvent égarer plus facilement les esprits, et pousser à des émeutes qu'il est plus humain et plus sage de prévenir par des sacrifices d'argent prélevé sur la nation, et cela dans son propre intérêt, que d'avoir à les réprimer par la force.

Ainsi, dans la crise de 1817, le gouvernement se fait acquéreur de grains qu'il livre à perte aux boulangers, à qui il tient compte en outre de la différence entre le prix réel du pain fabriqué et le prix auquel il le taxe dans les localités qu'il désigne. — La dépense définitive de ce secours, payé à la nation entière par une partie d'elle-même, se solda par un emprunt de 600 millions.

Dans la crise de 1847, le gouvernement ne fait de lui-même aucun achat, et laisse aux municipalités le soin d'administrer le secours. Achats, réserves, compensations de taxes, boulangeries communes, avances au commerce, bons de pain à prix réduit, ce sont elles qui s'ingénient, choisissent, proposent, réalisent mille moyens divers, suivant les localités. La dépense définitive du secours se solde cette fois par des emprunts de la part de 50 départements et de 48 villes, emprunts qui montent ensemble à une valeur de 60 millions. On peut à la rigueur ajouter 5,200,000 francs que l'État consacre à donner du travail, bien que ce travail ne soit point une aumône, mais l'emploi d'un capital à la production d'une utilité dans l'avenir.

Et cependant le déficit de la récolte, lors de la crise de 1847, était tellement considérable, qu'il fallut pour y faire face une importation de *treize* millions d'hectolitres de grains étrangers ; tandis que, dans la crise de 1817, le déficit avait été comblé avec une importation d'un peu plus de *deux millions* d'hectolitres de grains étrangers. — Le secours a coûté dix fois moins, en présence d'un déficit plus de six fois plus considérable, dans la crise où l'État a laissé la municipalité intervenir à sa place. — Et dans toute localité où la municipalité s'est abstenue de faire acte commercial, d'acheter et revendre des grains pour son compte, et s'est contentée d'agir comme simple bureau de bienfaisance, les choses se sont mieux passées et à moins de frais que dans les autres.

La spéculation libre, assurée de ne rencontrer aucun monopole ni aucune concurrence impérieuse , soit de l'État, soit d'une municipalité, est le véritable *grenier d'abondance,* le seul capable de produire le bien que des princes amis du peuple ont souvent rêvé, que pas un n'a jamais pu réaliser.

———

CHAPITRE XVI.

Obstacles matériels au commerce des grains. — Transport le moins
coûteux. — Conservation la plus économique.

———

On peut dire aujourd'hui que le commerce des grains
a triomphé à peu près complétement des préjugés anciens, des obstacles intellectuels. Voyons-le maintenant
aux prises avec les obstacles matériels ; examinons les
moyens dont il dispose pour transporter dans l'espace,
et comparons entre eux les moyens pour conserver,
c'est-à-dire transporter dans le temps.

Les grains sont une denrée des plus encombrantes,
une de celles dont le déplacement exige le plus de frais.
— M. Roscher établit par chiffres que le transport des
grains produit sur la denrée un renchérissement vingt-
cinq fois plus considérable que celui produit sur le
coton. — La loi économique sur laquelle il base son
raisonnement est celle-ci : Une marchandise supporte

d'autant mieux les frais de transport que son prix est
plus élevé. Supposons que le transport d'un quintal
d'une denrée coûte 1 franc par kilomètre. Si le quintal
de cette denrée se vendait 2 francs, les frais de transport ajouteraient 50 p. 100 à son prix ; s'il se vendait
4 francs, ils n'ajouteraient que 25 p. 100; et s'il se
vendait 100 francs, ils ne le feraient renchérir que de
1 p. 100.

En outre, les grains sont une denrée qui court plus
de dangers que les pierres, la houille, le bois; elle redoute les souris, les insectes, et les dépréciations de la
part de l'homme sont plus faciles. Elle veut des entrepôts qui soient bien clos et sains, et cependant très-
vastes, à chaque embarcadère et débarcadère, et une
manutention fréquente.

Elle redoute la grande chaleur. Cette circonstance a
longtemps empêché l'Angleterre et la Hollande d'acheter le blé de la mer Noire. Le détroit de Gibraltar ne
peut être franchi par les navires à voiles allant vers
l'Atlantique qu'à l'aide d'un vent favorable ; s'il vient
à manquer, ils sont souvent obligés de louvoyer. Pendant ce temps, l'occasion d'une vente avantageuse se
perd, la denrée s'avarie ; les exemples ne sont pas rares
de cargaisons complétement perdues.

Les grains qui viennent des pays froids sont souvent
surpris par les glaces, qui pour six mois de l'année ar-
rêtent toute navigation. En 1817, les premiers convois
de l'intérieur de la Russie n'arrivèrent à Riga qu'au
19 avril. Les agents des commissionnaires hollandais
et anglais établis à Arkangel pénètrent jusqu'à Kafan,
situé à 1,500 kilomètres de cette ville, pour chercher

des grains qu'on transporte en traineau jusqu'à la Dwina. Cette opération exige un temps tel, que le blé commandé en août n'arrive en Allemagne que l'été suivant.

Le journal anglais *the Economist* (numéro du 25 février 1854) donne quelques documents précieux sur l'exportation des blés russes.

Aujourd'hui les grands ports pour l'exportation sont Saint-Pétersbourg et Riga dans la Baltique, Odessa et Taganrog dans la mer Noire. Cependant, jusqu'à une distance de cent trente lieues environ, le pays est infertile ; il produit peu, ou même rien. — Les grands centres de production sont, dans la Russie centrale, les gouvernements de Tambow, Penza, Orlo, Moshansky, Saratoff, Kasan et quelques autres, et la Pologne. Toutes ces contrées sont à d'énormes distances des ports que nous venons de mentionner.

Comme le pays est plat et que les paysans n'ont nul travail pour les mois d'hiver, le transport pour des centaines de lieues se fait à très-bas prix, et par de jeunes animaux que l'agriculture de ces contrées centrales élève et trouve ainsi occasion de faire vendre à la frontière et dans les ports maritimes. — De ce double fait : situation de Pétersbourg et d'Odessa dans deux contrées mauvaises, distance énorme entre ces deux villes et les grands centres de la production, il est facile de conclure que toutes les lois économiques ont été violées lorsqu'on a choisi deux débouchés aussi mauvais, et qu'il a fallu la volonté et la puissance d'un gouvernement absolu pour forcer le commerce à centraliser ses opérations sur ces deux points, à une époque toute moderne. Même encore dans les années 1827 et 1828, lorsque le voyageur M. Jacob visita les grandes contrées à blé, les blés polonais, qui aujourd'hui viennent s'embarquer à Odessa, suivaient la voie commerciale la meilleure, la Vistule, et se rendaient à Dantzick.

Le jour viendra, et probablement n'est pas éloigné, où les blés russes prendront, pour deux débouchés vers l'Europe occidentale, les deux villes de Varsovie et de Cracovie, et viendront gagner Breslaw. De ce point, les chemins de fer les jetteront sur les voies fluviatiles de l'Oder, de l'Elbe et du Rhin, ou, ce qui vaudra mieux, les porteront eux-mêmes à la destination demandée. Le Danube sera aussi une voie.

Le chemin de fer est appelé à rendre d'immenses services dans ces contrées, à mesure que ses tarifs s'abaisseront par suite des améliorations apportées à ce serviteur, encore bien jeune, du commerce international. — Voici deux hivers qu'on l'a choisi de préférence à la voie maritime pour transporter des grains de Silésie à Cologne. — Les derniers grains que Paris et Londres ont tirés de l'est de l'Allemagne et de la Bohême ont voyagé par les chemins de fer allemands et belges. En temps de cherté, ce transport direct, outre l'avantage de la rapidité, revient moins cher que celui par fleuve ou par mer. — On a cité des expéditions de farine de Paris à Londres par chemin de fer opérées (en comprenant le passage du détroit) à raison d'un schelling par sac. — Sur nos chemins de fer d'intérieur, nos tarifs abaissés pour les grains font qu'au-

20.

jourd'hui la circulation entre nos grands marchés est plus rapide et plus économique.

Le gouvernement russe commence à comprendre lui-même l'erreur commise dans le choix de ses débouchés actuels. Dans un article officiel, la *Gazette de Pétersbourg* s'exprimait ainsi, il y a trois ans, en calculant les rivalités commerciales à craindre pour son pays :

« Les principautés du Danube exportent annuellement jusqu'à 9,000,000 tchetverts (mesure qui équivaut à 2 hectolitres) en différents grains. — L'Égypte, où la culture du froment a acquis un grand développement en peu de temps, fournit au commerce jusqu'à 1,280,000 tchetverts, et d'immenses terrains sont de nouveau consacrés à cette culture dans la vallée du Nil. La Turquie et la Hongrie commencent à exporter également du blé par Salonique et Fiume ; mais la concurrence que nous avons le plus à redouter est celle des États-Unis d'Amérique. La culture du froment y a doublé dans les dernières années; le fret est encore en ce moment supérieur au fret de la Baltique à Londres, mais de beaucoup inférieur à celui d'Odessa en Angleterre. Le nombre toujours croissant d'émigrés doit nécessairement augmenter l'exploitation du sol ; et il faut s'attendre à voir l'Amérique, avec ses canaux, ses chemins de fer et sa flotte marchande qui est en progression constante, nous exclure du marché anglais, si nous ne faisons rien sortir de la situation présente. — Remarquons que l'Angleterre, de son côté, tend à tirer de préférence ses grains des pays qui offrent un débouché à ses produits manufacturiers, et, en outre, qu'elle cherche à répandre la culture du froment au Canada. »

Le transport sain et rapide par chemin de fer se substituant partout à la lente et si malsaine navigation par canal ou rivière, voilà le progrès qu'il faut s'efforcer d'accomplir.

Quant à la navigation par mer, les navires à système mixte, hélice et voiles, se substituant aux anciens navires, donneront à la marche des grains plus de rapidité et la rendront régulière, dernier point qui n'est pas de peu d'importance pour les calculs du commerce.

Nous avons, en outre, un moyen de la rendre parfaitement saine : le grenier Salaville, ce grenier dans lequel le grain repose sur un plancher ventilateur, et qui se prête à toutes les dimensions, peut s'installer avec la plus grande facilité sur tout navire. Pendant la traversée, quelque longue qu'elle puisse être, le subrécargue pourra veiller sur son grain ; il le tâtera de la main par l'ouverture du haut, et, s'il en est besoin, il le rafraîchira et l'asséchera par un favorable courant d'air. Plus d'excès de chaleur, plus d'excès d'humidité à craindre sous quelque soleil ou par quelque gros temps qu'on ait navigué ; il est assuré, à moins que la tempête ne déchire le navire ou qu'un coup de vent ne le fasse sombrer, de débarquer sa cargaison aussi saine qu'il l'aura embarquée.

L'appareil qui fonctionne sur un navire est très-simple. Dans la cale destinée à servir de grenier, vous disposez horizontalement, à la distance de deux pouces du fond, un ensemble de tubes aérateurs qui s'entrecroisent en débouchant les uns dans les autres, et sont fermés aux extrémités du système. (Nous savons que ce sont des tubes de tôle perforés, sur toute leur surface, de trous aussi fins que ceux d'un arrosoir.) Un tuyau de conduite qui court le long du grenier (ou même, pour économiser la place, qui traverse le grenier dans sa hauteur) met cet ensemble de tubes aérateurs en communication avec la chambre à air, dans laquelle les ventilateurs foulent la masse d'air prise à l'extérieur. — Cette fois, cette chambre n'est point au-dessous, mais en haut et à côté du grenier, où elle occupe bien peu de place, celle à peu près d'un buffet. — Le vif courant d'air descend de la chambre dans le tuyau de conduite, s'engouffre dans chacun des tubes aérateurs, jaillit en *veines fluides* par les petits trous, pénètre en remontant toute la masse du blé, et chasse en haut du grenier, dont on a pour le moment enlevé le couvercle mobile, cette vapeur épaisse, fétide, qui indique que s'opèrent le nettoyage et le rafraichissement du grain.

Le navire qui va chercher un chargement de blé emporte une dizaine de ces petits ventilateurs enfermés dans une caisse avec leur arbre et leur manivelle, — quelques tuyaux de tôle perforée qui se démontent par bouts d'un mètre; chacun de ces bouts se subdivise dans le sens de la longueur en demi-cylindres qui s'appliquent les uns contre les autres; — le tout n'est pas très-encombrant.

Le premier mousse venu montera un tel appareil au moment d'embarquer la cargaison.

Notre mode le plus ordinaire de conservation, dans

ces grandes chambres que nous appelons greniers, a
le double inconvénient qu'il conserve mal et qu'il né-
cessite une immense surface. Duhamel les a très-bien
signalés.

Quand on enferme du froment dans un grenier
pour l'y conserver longtemps, l'usage est de l'y mettre
seulement à 18 pouces d'épaisseur : il est vrai que
quand il est vieux, quand il est très-sec, quand
le grenier est exempt de toute humidité et que les
poutres sont en état d'en soutenir le poids, on peut
augmenter cette épaisseur; mais comme il faut s'arrêter à quelque chose de fixe, je choisis cette hauteur
pour me conformer à ce qui se pratique communé-
ment dans les grands magasins.

Pour que le grain ne porte pas contre le mur, on a
coutume de laisser tout autour du tas un trottoir qui
a environ 2 pieds de largeur. En éloignant ainsi le
grain, on empêche qu'il ne coule et qu'il ne se perde
par les fentes qui se font nécessairement au bord du
plancher; on l'écarte des trous que font les rats et les
souris; on empêche qu'il ne se mêle avec le grain
beaucoup d'ordures qui tombent principalement de
ces endroits. On l'éloigne de l'humidité qui transpire
ordinairement des murailles, ou qui y coule plus souvent qu'ailleurs par les défauts de la couverture; enfin
le grain en est plus exposé à l'air, et on se ménage un
passage pour vaquer à son entretien. C'est un usage
généralement observé, qui probablement a paru nécessaire.

Le froment étant ainsi écarté des murs, les bords du
tas forment nécessairement un talus; l'espace qu'oc-

cupe ce talus contient moitié moins de grain que si les bords du tas étaient à plomb, et c'est encore environ un pied de largeur qui est perdu tout autour du grenier ; enfin, il faut laisser à un des bouts du grenier un espace pour remuer le grain. Tout cela diminue beaucoup l'emplacement du grenier ; et, pour rendre la chose plus sensible , je vais rapporter un exemple.

Je choisis pour cela un de nos greniers qui a 80 pieds de longueur sur 21 de largeur, ce qui fait 1,680 pieds de superficie. Il en faut retrancher pour le trottoir et le talus au moins 3 pieds de chaque côté, ce qui fait 6 pieds de largeur dans toute la longueur du grenier, ou 480 pieds carrés, qui, étant retranchés de 1,680 pieds qui faisaient la superficie entière, ne laissent plus que 1,200 pieds, sur quoi il faut encore retrancher au moins 50 pieds ; tant pour l'espace qui est nécessaire pour remuer le grain, que pour le trottoir qui doit rester à l'autre bout du grenier. On ne peut donc compter que sur 1,150 pieds carrés d'emplacement. C'est de quoi contenir environ 1,725 pieds cubes de blé, qui pèseraient environ 92 milliers de livres.

Un cultivateur de mes amis calculait un jour devant moi la perte que subit le producteur sur le blé qu'il conserve au grenier depuis octobre jusqu'à juillet. Il ne l'évaluait pas à moins de 5 francs par hectolitre, chiffre qui se décomposerait ainsi :

Assurance qu'aurait à payer un hectolitre de blé pour être garanti contre le risque de vol, d'incendie, de moisissure ou de toute autre dévastation, et que le producteur se paye à lui-même, puisqu'il devient son propre assureur, par cela seul qu'il demeure sous le coup de ces divers risques.............. 0ᶠ 50ᶜ

Diminution du poids et du volume du blé à mesure qu'il vieillit et qu'il se dessèche plus complétement.............. 1   »

Déchet résultant des charançons, des rats, de la manutention, etc., au minimum. 1   15

Frais de main-d'œuvre et de conservation au grenier....................... »   50

Assurance contre le risque de dépréciation des cours........................ »   75

Perte de l'intérêt de l'argent jusqu'à la fin de juillet........................ 1   10

Total........ ...   5   »

On voit par là que lorsque après avoir gardé son blé en grenier jusqu'en mai ou juin, si on ne le vend pas au moins 6 ou 7 francs de plus qu'on ne l'eût vendu en septembre ou octobre, on n'a fait qu'une très-mauvaise spéculation, et le plus souvent on a perdu par le fait, alors même qu'en vendant à 2 ou 3 francs plus cher, on croit avoir ces 2 ou 3 francs de bénéfice.

Le fait est que le blé coûte à celui qui le conserve environ 50 centimes par mois ; que si l'hectolitre vaut 25 francs en septembre, il revient à 30 fr. au mois de juillet suivant, et qu'il n'y a aucun avantage à le vendre à ce prix en juillet si on a pu le vendre 25 francs en septembre ; tandis que si on ne le vend que 28 francs en juillet, alors qu'on aurait pu le vendre 25 francs en septembre, loin de gagner 3 francs comme il semble, on perd réellement 2 francs par hectolitre.

En d'autres termes, on ne gagne à garder son blé qu'autant qu'on parvient à le vendre à un prix qui dépasse de plus de 50 centimes par mois la somme qu'on eût pu en tirer précédemment, et on perd à l'avoir gardé toutes les fois que le prix de vente ne dépasse pas de 50 centimes par mois le prix qu'on eût pu obtenir à un marché antérieur. — Ce qui revient à dire qu'on n'a en bénéfice que ce qui dépasse ces 50 centimes par mois, et qu'on doit compter comme perte tout ce qui est en dessous de cette augmentation de 50 centimes par mois, à partir des jours de septembre.

Le producteur peut conclure de là que vouloir joindre à son bénéfice de fabricant celui de spéculateur dans l'avenir est une tâche qui n'est pas facile : pour acquérir la science de calculer de telles chances, il faut se tenir soigneusement en contact avec le dehors, être mieux renseigné sur ce qui se passe au delà de son département qu'il ne l'est pour l'ordinaire.

En décrivant les greniers dont les inventeurs se sont proposé de remplacer le pelletage à la main par le pelletage à la mécanique, j'ai distingué, comme l'emportant sur les essais antérieurs, le grenier Vallery, grenier cylindrique et qui tourne sur un axe, et le grenier Huart, qui est un grenier perpendiculaire.

Tous les deux résolvent sans nul doute la question de conservation mieux que par le pelletage à la main ; il reste à les juger au point de vue de l'économiste.

Dans un rapport à la Société d'encouragement pour l'industrie nationale, M. Payen se demande : 1° Le grenier Vallery présente-t-il l'avantage d'une économie de construction par rapport aux greniers ordinaires, réunie à une solidité convenable? — 2° Procure-t-il une économie notable dans les manutentions qui accompagnent le magasinage?

Le grenier Vallery, en le supposant d'une capacité qui se prête au remuage de 1,000 hectolitres, revient, en y comprenant la couverture, à 6,600 francs, ou 6 francs 60 centimes par hectolitre emmagasiné.

Selon M. Payen, le prix moyen d'un grenier ordinaire pour 1,000 hectolitres, avec l'espace nécessaire pour pelletage, taraudage, etc., ne peut être évalué à Paris, et dans les autres centres de magasinage, à moins de 8,300 francs ou 8 fr. 30 cent. par hectolitre, d'où il résulterait que le grenier Vallery présente une économie de 25 pour 100 environ sur les frais de première construction. — Il occupe quatre fois moins d'espace qu'un grenier ordinaire, ou, en d'autres termes, il représente, à superficie égale, un bâtiment élevé de quatre étages sur rez-de-chaussée. Cela est facile à concevoir, si l'on considère que le blé s'y trouve accumulé à une hauteur moyenne de près de quatre mètres.

Quant à la solidité, ajoute le rapporteur, l'examen du grenier chargé depuis plus de trois mois d'un sixième en sus de ce qu'il doit supporter habituellement, la régularité du mouvement qui lui est imprimé, et l'observation qu'il n'y a de frottement et d'usure que dans des parties peu coûteuses et faciles à remplacer, ne laissent à cet égard aucun doute dans notre esprit.

M. Séguier examine à son tour l'économie de manutention, c'est-à-dire le remuage du grain, son introduction et sa sortie.

Considérant un tour de ce grand cylindre comme équivalant à un pelletage, il établit que le remuage à bras d'homme du grenier Vallery (un homme suffit) est au pelletage manuel dans la proportion de 1 à 56. Quant à l'introduction et à la sortie, il y aurait sur le grenier ordinaire l'avantage d'une économie de 30 pour 100.

Dans sa *Publication industrielle*, M. Armengaud établit ainsi les frais d'un grenier Huart, en prenant pour base une capacité de 10,000 hectolitres :

Capital nécessaire à l'établissement du grenier....　50,000 fr.
　soit 5 francs par hectolitre.
Frais, 50,000 fr. à 4 p. 100 d'intérêt..........　2,000
2 hommes à 2 francs pendant 300 jours,........　1,200
Charbon pour le moteur à vapeur. 4 kilogr. par
　heure ou 40 kilogr. par jour de 10 heures, à
　3 francs les 100 kilogr., la dépense est de 1 fr.
　20 c. par jour, et pour 360 jours...........　452
Divers frais, au plus................　........　368
　　　　　　　　　　　　　　　　　　　　　　　　—————
L'entretien annuel pour les 10,000 hect. est donc de　4,000 fr.
　soit de 40 cent. par hectolitre, ou seulement de
　0,033 par mois.

L'application de ce système peut s'étendre non-seulement aux entrepôts, aux administrations générales, aux gares des chemins de fer, aux industries particulières, mais encore aux grandes fermes ou exploitations agricoles où l'on veut conserver des grains. — Pour ces dernières, le mécanisme pourra être mis en rapport avec la force d'un ou de deux hommes.

Si j'avais à choisir entre les deux systèmes, j'avoue que je me déciderais pour le grenier Huart. Le grain s'écoulant par la trémie, agité par les palettes de la vis d'Archimède, et remontant pour se déverser en pluie, est animé d'un mouvement plus vif que dans cet appareil cylindrique qui opère une demi-rotation en 40 ou 50 minutes. La besogne me semble mieux faite, — et puis, en fin de compte, l'économie réalisée est plus considérable.

On peut dire que l'un conserve déjà d'une manière satisfaisante et que l'autre conserve encore mieux; mais j'ajouterai que je donnerais même sur ce dernier la préférence au grenier Salaville.

A première vue et sans prendre la peine de faire un devis, on peut tenir pour certain que les frais de construction sont bien inférieurs : il n'y a ici ni de ces trémies, où la combinaison ingénieuse et même savante de plusieurs plans inclinés fait tant d'honneur à l'esprit inventif et persévérant de M. Huart, — ni de la vis d'Archimède, dont chaque pas est muni de sa palette,—ni de la force dépensée à élever le grain, puisque M. Salaville a pris, pour son point de départ, une idée encore plus heureuse.

Au lieu de mettre en mouvement la masse entière du grain, comme le fait le système Vallery, — au lieu de le mettre en mouvement par portions successives, comme le fait M. Huart dans l'air en repos, il laisse la masse en repos et réduit la tâche à celle plus facile de mettre l'air lui-même en circulation accélérée, lui confiant, ainsi que je l'ai déjà dit, la mission d'agiter chacun des grains à part et sur place dans sa petite atmosphère particulière, résultat qui s'obtient avec une force dont les frais sont, on peut le dire, insignifiants.

Il peut prendre toutes les dimensions et s'adapter à toutes les capacités jusqu'à une minime, sans que les frais d'aucun genre augmentent, condition que le grenier Vallery et même celui de M. Huart ne rempliraient que jusqu'à un certain degré : ils se feraient très-difficilement les meubles d'une exploitation moyenne.

Rappellerai-je en outre, comme je l'ai longuement exposé, que ce grenier, d'une construction plus économique, sans nul doute, qu'aucun autre encore connu, a l'avantage tout à fait nouveau de se prêter au traitement des blés malades, et permet de les guérir, comme on guérit les plantes, par l'emploi des gaz; qu'avec lui on ne se contente pas de chasser, on tue les insectes?

Le pelletage par l'air mis en mouvement supprime à peu près complétement la main-d'œuvre qu'exigeait l'ancien pelletage à la main; la dépense de main-d'œuvre ou de force mécanique est ici, l'on peut dire, insignifiante.

Et, circonstance que bien des gens vont trouver extraordinaire, mais qui est réelle, les faits sont là pour le prouver : or le déchet qui résulte de la diminution du poids et du volume du blé à mesure qu'il vieillit et se dessèche dans tous les autres greniers, le déchet est prévenu dans le grenier Salaville. L'air, renouvelé si fréquemment autour de chaque grain, l'entretient dans un état de santé constant; il conserve absolument le même embonpoint qu'il a quelque temps après le battage, criblage et vannage, alors qu'il est ce que les cultivateurs sont convenus d'appeler un blé sec, et bon à emmagasiner.

Nous avons déjà vu que Duhamel, dans une expérience qui a duré plusieurs années, avait conservé à son grain, par la ventilation répétée de temps en temps, tout son volume, et l'avait retiré de son grenier à soufflets sans déchet appréciable. Or, Duhamel était un homme on ne peut plus consciencieux ; son témoignage est de quelque poids.

Décidément je suis pour le grenier Salaville : sur terre comme sur mer, dans l'entrepôt comme sur le navire, dans la grande ferme comme dans la petite, avec la manivelle ou avec le modeste tourne-broche.

Je ne lui vois en vérité qu'un rival, ce serait le silo souterrain ; j'entends le silo souterrain parfait, celui qu'indique la théorie, que la pratique n'a réalisé que dans les civilisations anciennes ; mais je les croirais appelés tous deux à fonctionner dans des pays différents.

Le silo souterrain ! J'ai pris plaisir à raconter son histoire, parce que lui aussi pourrait être un conservateur parfait et économique, serviteur de la très-grande et aussi de la très-petite propriété, soit qu'on le construise à la manière des Romains ou des Maures, ou à la manière des populations slaves, soit qu'on emploie la tonne de tôle enfouie, ou la pauvre jarre déposée à la cave.

Il convient aux populations qui ont un chaud soleil pour sécher leurs grains, ou du combustible en abondance pour remplir la fonction du soleil. Les peuples du Midi ont l'un, les peuples du Nord ont l'autre ; nous autres hommes d'un climat tempéré, nous avons modérément de l'un et nous devons être économes de de l'autre.

21.

Il convient aux populations rares et disséminées sur de vastes territoires, qui ensemencent et récoltent sur des champs très-éloignés de toute habitation. Le silo souterrain leur épargne pour l'heure les charrois à l'habitation. Il reçoit mystérieusement le trésor qu'on lui confie, et le conserve contre les déprédations des brigands. Ou encore les silos de plusieurs familles sont creusés à côté les uns des autres, et une sentinelle veille la nuit à leur garde.

Le silo conviendrait aussi sans doute dans ces malheureuses contrées qui sont destinées à devenir le théâtre de la guerre, dès que deux nations, pour vider un différend, ont recours à la voie des armes.

Partout où l'homme peut craindre pour sa propriété non suffisamment protégée par la loi, le silo sera le serviteur le plus fidèle.

Mais tant que la propriété pourra compter sur le respect des voisins et aura peu de chances d'être enlevée par les soldats vainqueurs, je préférerai au silo le grenier Salaville qui à la fois, conserve et assainit, et dans lequel je puis à chaque instant, rien qu'en plongeant la main à la surface du grain, être renseigné sur l'état sanitaire de toute la masse.

Avec cet appareil pour conserver les grains, le chemin de fer et le vaisseau à hélice pour les transporter, — le télégraphe électrique pour transmettre l'offre et la demande entre tous les marchés du globe, si nous ne réussissons pas à niveler les prix, nous serons bien malheureux et probablement bien maladroits.

Je terminerai mon livre par une citation empruntée

à M. Léonce de Lavergne, alors qu'il professait l'économie rurale à l'Institut de Versailles.

Il expose les trois conditions désirables dans le prix des grains.

1° Qu'il y ait le moins possible de différence entre le prix payé au producteur et le prix payé par le consommateur, c'est-à-dire que les frais intermédiaires, comme le bénéfice du marchand, les frais de transport, etc., soient réduits le plus possible.

2° Que le prix courant soit tel que le consommateur et le producteur y trouvent également leur compte, c'est-à-dire que l'un puisse suffisamment se procurer la quantité de blé qui lui est nécessaire, et que le second ait un bénéfice raisonnable.

3° Que le prix subisse le moins possible de variations, soit d'une province à l'autre, soit d'une année à l'autre, et que l'on évite, autant que possible, l'extrème avilissement et l'extrème cherté, qui ont tous deux de graves inconvénients.

Il se demande ce qu'il faut faire pour réaliser ces trois conditions.

1° Perfectionner sans relâche les communications de tout genre, depuis les plus petits chemins vicinaux jusqu'aux chemins de fer ;

2° Assurer la liberté la plus complète et la plus parfaite sécurité au commerce des grains, tant à l'intérieur qu'à l'extérieur ;

3° Répandre, parmi toutes les classes de la population les plus inférieures, des notions justes sur les véritables causes, soit de la cherté, soit de l'avilissement des prix, et sur les moyens d'y remédier.

Le tout, bien entendu, subordonné aux causes générales, comme la modération et le bon emploi des impôts, la sécurité de la propriété, la liberté du travail, la facile circulation des capitaux.

TABLE DES CHAPITRES.

FIN DE LA TABLE DES MATIÈRES.

Paris. — Typographie de Firmin Didot frères, rue Jacob, 56